梅兰妮·克莱茵

的

基本概念

[英] R. D. 欣谢尔伍德（R. D. Hinshelwood）

托马斯·福特纳（Tomasz Fortuna） ◎著

王 晶 ◎译　　顾红梅 ◎审校

Melanie Klein The Basics

中国出版集团有限公司

世界图书出版公司

北京　广州　上海　西安

图书在版编目（CIP）数据

梅兰妮·克莱茵的基本概念 /（英）R. D. 欣谢尔伍德，（英）托马斯·福特纳著；王晶译.—北京：世界图书出版有限公司北京分公司，2023.4
ISBN 978-7-5192-9876-0

Ⅰ.①梅… Ⅱ.①R…②托…③王… Ⅲ.①克莱因（Klein, Melanie 1882-1960）—儿童—精神分析 Ⅳ.①B844.1

中国版本图书馆CIP数据核字（2022）第159849号

Melanie Klein
The Basics, 1st edition / by Robert D. Hinshelwood, Tomasz Fortuna / ISBN: 9781138667051
Copyright © 2018 by Routledge
Authorized translation from English language edition published by Routledge, part of Taylor & Francis Group LLC; All Rights Reserved.
本书原版由Taylor & Francis出版集团旗下，Routledge出版公司出版，并经其授权翻译出版。版权所有，侵权必究。
Beijing World Publishing Corporation is authorized to publish and distribute exclusively the Chinese (Simplified Characters) language edition. This edition is authorized for sale throughout Mainland of China. No part of the publication may be reproduced or distributed by any means, or stored in a database or retrieval system, without the prior written permission of the publisher.
本书中文简体翻译版授权由北京世界图书出版公司独家出版并仅限在中国大陆地区销售，未经出版者书面许可，不得以任何方式复制或发行本书的任何部分。
Copies of this book sold without a Taylor & Francis sticker on the cover are unauthorized and illegal.
本书贴有Taylor & Francis公司防伪标签，无标签者不得销售。

书　　名	梅兰妮·克莱茵的基本概念	
	MEILANNI KELAIYIN DE JIBEN GAINIAN	
著　　者	［英］R. D. 欣谢尔伍德　　［英］托马斯·福特纳著	
译　　者	王　晶	
审　　校	顾红梅	
责任编辑	王　洋	
责任校对	张建民	
装帧设计	佟文弘	
出版发行	世界图书出版有限公司北京分公司	
地　　址	北京市东城区朝内大街137号	
邮　　编	100010	
电　　话	010-64038355（发行）　64037380（客服）　64033507（总编室）	
网　　址	http://www.wpcbj.com.cn	
邮　　箱	wpcbjst@vip.163.com	
销　　售	新华书店	
印　　刷	三河市国英印务有限公司	
开　　本	787mm × 1092mm　1/16	
印　　张	17.5	
字　　数	205千字	
版　　次	2023年4月第1版	
印　　次	2023年4月第1次印刷	
版权登记	01-2021-0232	
国际书号	ISBN 978-7-5192-9876-0	
定　　价	69.80元	

献给我们的妻子，
感谢她们不得不支持我们的工作，忍受我们的怪癖

译者序

我很荣幸能够翻译这本《梅兰妮·克莱茵的基本概念》。在翻译的过程中，我也被两位作者能够将如此浩大的主题用深入浅出的方式向读者娓娓道来的能力所深深折服。

对于梅兰妮·克莱茵，国内的读者——尤其是那些精修精神分析或者使用精神动力治疗方法的咨询师、治疗师——可能并不陌生。她也几乎是每个精神分析培训中都必须提及的一个重要理论家。人们或是爱她，或是恨她，但绝不可能对她无动于衷。因为她就像弗洛伊德一样，不断地超越自己，不断地推陈出新。

据我所知，国内目前已出版了克莱茵文集（正是出版此书的世界图书出版公司所出版的），也出版了一些克莱茵学派相关的书籍，但是真正以大众都能理解的语言去介绍克莱茵理论的发展和重要概念的书籍，似乎在市面上很少见。然而，这类书又是多么必要。在疫情和后疫情时代，世界范围内似乎有更多的人陷入"偏执-分裂位置"，有更多的人处在"嫉羡"之中，使用"投射性认同"去引发国际矛盾、种族矛盾、阶级矛盾。如果大家都能了解这些奇怪的术语到底意味着什么，到底对个人、群体的心理有什么样的影响，该有多好。也许这样，我们的世界会少一些不必要的冲突，多一些彼此的理解与合作。

但这本书不仅是关于克莱茵理论的发展的。从书的脉络结构中，读者也可以看到精神分析从萌芽到蓬勃发展到这个关键阶段所发生的重要事件。从这个意义上看，这本书也是介绍精神分析早期历史，尤其是英国精神分析发展史的重要书籍。

从更加个人的层面来说，这本书也是对克莱茵生平的速写。我们能从中看到一个早年梦想折翼，之后又以另一种方式重拾梦想，继续起飞的女性的故事。她在一个以男性、精神科医生为主导的领域中，不断取得卓越的成就，既赢得了广泛的支持，也遭到了大量的反对。但是她一直坚持着，即使个人生活不幸，她也能够让这些不幸慢慢变成一种修复和具有创造性的力量，让她更进一步探索人类的心灵。也许你也可以从她的故事中看到你的身影。

克莱茵以及克莱茵学派的理论可以非常精妙地解释日常生活甚至世界政治、经济、文化生活中的种种现象。而更加精妙的是，这些理解都基于克莱茵在其职业生涯早期对于婴儿和儿童的深刻理解。因此，当我们看到人们种族歧视的行为，或者看到人们投身于创造性活动时，我们也被启发着去思考——一个人在婴儿期、童年期的何种经历，会让他（她）能或不能以更成熟的方式去面对各种情境。更进一步的认识就是，婴儿期对人类而言如此重要，我们有必要认真审视社会对婴儿健康成长所负有的责任。

此书中还有大量生动有趣的例子，值得细细品味。

　　最后，我想对两位作者——R. D. 欣谢尔伍德医生和托马斯·福特纳医生——提供的支持表示感谢，对本书审校顾红梅女士的帮助和支持表示感谢，对本书编辑王洋女士提供的大量协助表示感谢。翻译过程中难免有缺憾，也期待读者批评指正。

王晶
2021年清明于北京

中文版序

　　这本有关克莱茵精神分析理论沿革的书籍能够以中文出版，我们感到十分开心。在此书中，我们尝试以通俗易懂的方式介绍克莱茵和儿童及成人的工作。从她职业生涯最早期开始，她就十分关注小孩子们在游戏中所描述的事情以及他们所体验到的痛苦和焦虑。这一工作思路沿袭了弗洛伊德和成人工作的传统：弗洛伊德认为，通过那些最为稀松平常的事情，例如梦和口误，人们内心深处的无意识念头得以展现。同样，克莱茵的方法是去审视儿童最为稀松平常的游戏如何展现出他们内心深处的想法和感受。

　　在精神分析中，寻常的事物和复杂的事物汇聚一堂。我们希望此书能用通俗的语言、贴近个人经验的方式展示出克莱茵的那些关于人类心灵深处的重要且有趣的结论。而作为读者的你所展现出的兴趣，说明了克莱茵的理念在世界范围内广受关注。自然，她对于儿童的关切与兴趣十分引人入胜，但她的观察中似乎蕴含着一些特质，能够触碰到我们每个人——无论是患者、专业人士、儿童还是成人——的内心。

　　精神分析是一种具有主观性的"科学"，它吸引我们的也不仅仅是其逻辑性和科学性。在各种思想领域中，精神分析关注的是我们——读者、实践者，以及科学工作者。精神分析是所有科学中最具个体性的学科，很多人也会说，克莱茵的研究可以说是所有精神分析探索中最具个体性的一支。当然，这取决于你——亲爱的读者——对这一说法的判断是否正确。你也需要去决定，梅兰妮·克莱茵的热度是名副其实，还是其理论的流行只是昙花一现。你还需要判断，你正在阅读的这本书是否能够传达出克莱茵一直声称的那些极为个人化的、处于个体内心深处的事情。

我们也很清楚，在这本书中，我们所呈现的只是精神分析的一个学派，而你会意识到，还有其他精神分析学派。这也意味着你需要去做对比。我们希望，我们能足够好地展示出克莱茵学派的理念，能帮助你得出自己的结论，帮助你判断——基于你的、其他人的、与你一起工作的来访者的经验——究竟哪支精神分析学派思想最能准确描述你所认为的人类心灵的实质。不幸的是，不同的学派思想常常彼此竞争，彼此指出不足之处，甚至在描述对方理论时也会出现偏差。在这本书中，你可能会看到有些梅兰妮·克莱茵的观点是其他精神分析师所不认同的。而且有趣的是，关于克莱茵本人以及她的作品，人们也存在着大相径庭的看法。很多对她的理解其实并未还原她的本意。尽管克莱茵像我们所有人一样，有着自身的议题和困难，但是在此书中，我们努力以最准确的方式呈现她的观点和方法。在此书中，你并不会看到其他精神分析流派对克莱茵理论的描述。

但我们希望，你能在这本书中看到对于克莱茵及其工作中精华部分的准确展现，这是我们两个人——克莱茵的两个追随者——在我们各自的工作中所发现的她带来的启迪和灵感。我们也希望读者能够看到，她如何启发了她身后的一代代精神分析师。

R. D. 欣谢尔伍德　托马斯·福特纳

2021年3月

关于本书

　　《梅兰妮·克莱茵的基本概念》一书简要易懂地介绍了梅兰妮·克莱茵的生平与工作，她的发现推进了弗洛伊德及其他精神分析师的理论，深化了我们对于人类心灵无意识领域的洞察。克莱茵最早的工作是发展出一种对儿童进行精神分析的方法，这些儿童承受着焦虑以及其他常常没有被识别出的痛苦，而克莱茵的方法帮助我们更深入地理解人类心智和身份发展的早期关键步骤。她开创了精神分析的一个临床及理论发展支流，而且她的许多发现也被其他精神分析学派所认可和应用。

　　全书分为四大部分，含阅读指导建议与关键术语表，以期帮助读者更深入地理解克莱茵的理论。第一部分介绍克莱茵的生平、她对精神分析实践的早期兴趣，以及她最早的发现；第二部分继续探讨她发展出来的儿童分析技术，以及这些技术带给她的洞察和结论又如何进一步影响了成人分析技术和更广泛的对人类心灵的理解；第三部分聚焦于精神分析技术中的科学及临床发展——尤其涉及治疗和理解有严重情感紊乱情况的病人（例如，有精神病或情感障碍的病人）；第四部分将视线转向克莱茵学派当代的发展，以及后克莱茵时代的精神分析理论，并逐一考虑这一理论在临床、文化以及社会政治方面的应用。每一章都以一个基本问题开始，接下来会介绍克莱茵如何面对、解决这个问题并最终发展出她的理念。每一章结尾都会提出下一个问题。这一问题将在下一章中得到阐述。

这本书适用于所有想要简明扼要地了解梅兰妮·克莱茵的读者。同时，本书对需要快速理解梅兰妮·克莱茵的贡献及理论要点的精神分析领域研究者和专业人士也会有所裨益。

致　谢

对本书中理念的透彻理解，完全来自我们的个人分析以及临床工作的经历，因而我们想要在此感谢我们各自的分析师——斯坦利·利（Stanley Leigh）和戴维·贝尔（David Bell）——的宝贵帮助。他们不仅给予了我们生活所依赖的帮助，也通过指出我们的精神动力为我们展现了我们需要的所有实例。能带着些许权威感完成此书、完成这一学习过程，也需要感谢多年来我们在训练和实践中遇到的督导师——伊莎贝尔·孟席斯（Isabel Menzies）、悉妮·克莱茵（Sydney Klein）、埃丝特·比克（Esther Bick）、贝蒂·约瑟夫（Betty Joseph）、艾尔玛·布伦曼·皮克（Irma Brenman Pick）、普丽西拉·罗恩（Priscilla Roth）和约翰·斯坦纳（John Steiner）。

我们也必须感谢出版社及其工作人员，尤其是我们的编辑苏珊娜·弗里森（Susannah Frearson）。没有他们，这本书是不可能跨越寻常（以及不寻常）的出版障碍，从书稿变成读者手中的图书的。

当然我们也需要感谢我们的读者，你们早在阅读此书之前，就以内部客体的形式存在于我们的内心了。感谢你们对我们的工作和我们所感兴趣的话题所给予的极大关注。

最后，正如艾萨克·牛顿（Isaac Newton）所说，我们站在巨人的肩膀上。因此，我们在这里也必须要感谢梅兰妮·克莱茵（Melanie Klein）本人，她启迪了一代又一代的精神分析师，而我们只是其中两人而已。我们希望能够不偏不倚并准确地介绍她所开启的"河润九里，泽及三族"的工作领域。

目 录
ONTENTS

前　言

　　若想要介绍梅兰妮·克莱茵的基本思想，那么从头开始是很合理的！克莱茵是一位知名的精神分析学家，她以其独到的方式发展了弗洛伊德的理论，并成为最早和儿童工作的分析师之一，她的工作也奠定了理解严重心智紊乱问题的基础。

　　但我们又是谁呢？我们——这些精神分析师吗？这是不是有些神秘，有些让人害怕？我们是不是过于对意识边界之外的事物感兴趣了？嗯，也许吧……但是指引我们的是这样一个理念，那就是我们人类关于自己的心灵还有很多不知道的——虽说我们每个人都有一颗心（一个大脑）。尽管本书的主要关注点是梅兰妮·克莱茵的工作，但我们也希望你能够了解当今的精神分析师是如何思考这一职业的。

　　我们的文化常常以幽默的方式描绘精神分析和精神分析师。其中的缘由，部分是为了搞清楚精神分析到底是什么，部分是想揭开精神分析的"神秘面纱"。美国电影导演伍迪·艾伦就曾经接受过精神分析，他的作品也对此有所涉及。在他的一部电影《安妮·霍尔》（1977）中，主角就描述他在自己的分析中给他的分析师下了最后通牒。他说，除非一年内能看见成效，否则他就搬到卢尔德①去。在另一处，艾伦将精神分析比作上钢琴课，打趣地说自己这么多年都没见到什么进步，然后突然发现自己能弹钢琴了。

一个走进精神分析的人期待着迅速有结果和"奇迹"，这就像去"卢尔德"朝圣一般；但他们必须认识到，精神分析是一个渐进的过程，这样他们才能在精神分析师在场的情况下去了解自己和自己应对生活的方式。这里的原则，是我们想在多大程度上发现自己，或者更准确地说，是我们能在多大程度上发现自己。这个过程一定是按照被分析者的个人节奏来进行的。

克莱茵是一战后精神分析发展的重要推动者之一，但是她的理念建立在西格蒙德·弗洛伊德从1900年起已经系统化的理论的基础上。本书将提到弗洛伊德的理论（或"经典精神分析"），但只有在对照克莱茵理论的发展或对克莱茵的理论进行修正时，本书才会更为具体地解释前者。

梅兰妮·克莱茵最重要的追随者之一汉娜·西格尔在2001年发表公开演讲，谈到了今天精神分析所处的地位：

> 作为一个精神分析师，我首先当然会追本溯源。我们来自何处？我们知道，我们的工作根植于弗洛伊德的工作之

---

① 卢尔德是法国南部城市，其基督教节日期间的朝圣活动举世闻名。

上。是弗洛伊德最早提出了"精神现实"这个概念——即存在精神层面的现实和现象，它们和物质世界一样实在。例如，"我爱你""我恨你"，或"我认为全世界都针对我"，这些事实和可以被测量、衡量的物理事实同样实在且重要。这一精神现实可以被研究，也可以从其结构上被标识和定位。你可以识别出它的功能，可以细致地观察、研究它，就像理解物理现象一样，只不过是使用新的探索方法而已。这个精神现实有其意义，而这个意义是可以被理解的。例如，弗洛伊德在他最初的研究中发现了歇斯底里症状具有精神意义，他还发现梦具有精神意义。

　　其次，另一个区分精神分析的方法就是辨认出无意识的存在。例如，一个歇斯底里症状的意义并不是一个意识层面的隐喻，而是无意识层面的。因此，我们的基本信条便是存在着一个精神内部世界，并且这个世界的绝大部分都处于无意识中。这可能乍一听来是个非常奇怪的想法。

　　从前面两个信条中可以自然推导出第三个信条，那就是象征具有至关重要的地位。

（Segal，2007，p. 47）

我们在此提供一个案例来帮助你思考：

　　一个年轻女人持续感觉脖子僵硬不适。尽管她看了医生，但医生也完全无法解释，为何在她接受了理疗及药物治疗后，症状依然没有消失。和朋友聊天后她意识到，她要做的事情太多了，就像"脖子上挂了磨盘"一样。可以看到，如果我们没有意识到（即当它处于无意识中时）心理困难的存在，那么它可以表现为躯体症状。这个困难就通过"脖子上挂了磨盘"这个隐喻被表达了出来。有时候人们会在分析中理解到，有时候人们自发就能理解到，这个隐喻象征了辛苦的工作或者麻烦重重的任务，而并非指示了什么躯体疾病。弗洛伊德就是这样通过理解类似的转换症状（或歇斯底里症状），开始发现人类的无意识心灵的。

精神现实、无意识和象征是精神分析的基础理念。本书中所呈现的内容正反映了在这些基础理念之上，精神分析的一个发展方向。

精神分析已经具有自身的发展历史。精神分析家罗杰·曼尼凯尔（1968）最早接受了西格蒙德·弗洛伊德的分析，之后又接受了梅兰妮·克莱茵的分析，因而他对于精神分析有独到的视角。他将精神分析历史大致划分为三个阶段。

曼尼凯尔划分的历史阶段：

一、从19世纪90年代到大约1930年，关注的焦点仍在俄狄浦斯情结上——它导致很多情绪冲突，也倾向于被压抑到无意识中。治疗方法包括通过撤销压抑的影响以更多地了解这些隐藏的冲突。

二、从大约1925年到20世纪40年代，关注的重心转移到指向自体和他者的爱与恨之间的冲突。

三、从1946年起，关注的焦点转移到如何保护现实感以防止无意识驱动的错误感知干扰的问题上。无意识驱动的错误感知或多或少地将个体与现实割裂。它类似精神病性患者经历的困难（但我们所有人或多或少都会存在这样的困难）。

梅兰妮·克莱茵对第二个阶段的发展做出了重要贡献。第三阶段的发展则是建立在克莱茵后期理论的基础上、主要由其追随者做出的。当然，第一个阶段由弗洛伊德开启（事实上，他的经典精神分析模式至今仍在世界一些地区延续）。

如何阅读本书

我们尽可能将克莱茵的理念在每一章以问题的形式进行结构化。每章由一个问题开启，它引导我们去理解克莱茵为回答这个问题所发展出的原则。之后，在她的回答基础上产生的更进一步的问题和议题形成了下一章的主题。正如你将看到的，这会将我们带到新的地方，或使我们得到被进一步修正的原则和回答。这样，你会发现每一章都以问题或议题命名，正文部分则讲述了克莱茵如何理解这个问题或议题并发展出她的想法。每一章都试图涵盖其中一个步骤。

我们将使用这种方法展示出哪些基本原则经受住了时间的考验，哪些又被搁置在一边。以这样的方式，我们将建立起一个累积的基本概念列表，并指出它们的有效性。这本书将呈现克莱茵的基本概念是如何发展和演变的。

此外，在每章的结尾，你都会看到一个简要的总结栏；在每一部分之后，我们也会提供进一步阅读的建议——假如你愿意加深对这一部分概念的理解的话。

在全书的最后，我们也将提供精神分析术语表、中英对照表和参考文献。

第一部分

新方法、新事实

孩子们开心玩耍，但他们也为生活而挣扎。因此，童年的生活并非都是快乐的，当一个孩子也并非一件容易的事。脱离儿童心态也不简单。但至于为何会出现挣扎，为何快乐会被干扰，则有着很深的、通常我们并不能意识到的原因。儿童有着内部生活——他们的精神现实。他们通过游戏将其展现给我们，分毫不差。他们游戏出快乐，也游戏出痛苦。正如梅兰妮·克莱茵所言：

　　　　儿童精神分析新手所遇到的最有趣、最令人惊诧的一个体验就是能看到即使是很小的孩子也具有洞察的能力，这种洞察力有时甚至远超成人。

　　　　　　　　　　　　　　　　　　（Klein，1955，pp. 131–132）

　　克莱茵的工作开始于这样的想法：你从儿童身上可以比从成人身上了解到更多人类心灵的发展历程。

　　克莱茵的追随者之一贝蒂·约瑟夫举了这样一个例子。这是一个3岁男孩的案例，约瑟夫出于保密原则将他称为G。他来见约瑟夫的时候，处于极为严重的焦虑状态。他被描述为"非常控制他人，但自己又不受控制"。接下来是贝蒂·约瑟夫和小病人G的一个治疗小节的片段。在此节治疗的前一天，G焦躁不安，又是喊叫又是踢打，并想要离开游戏室。请注意约瑟夫是如何观察和诠释G的游戏和行为的：

> 他自愿回到游戏室，还带了一管"聪明豆"牌糖果和一些泡泡糖。他吃了"聪明豆"，又嚼了一块泡泡糖。我解释说，他昨天离开时对我非常生气，但今天感受不太一样了，并带了些甜的食品来。他把泡泡糖从嘴里拿出来，轻轻放到我手里。接着他站起来，走到游戏室里矮桌子旁的一张小椅子那里去摇动它。因为这把椅子在桌子下放着，所以很自然地，它没有倒落；他又摇了摇，椅子还是稳稳地立着，之后他又对其他椅子重复这个行为。我诠释说，昨天我没有让步，而是像椅子那样稳稳地待着，没有让他淹没我，这一点让他感到松了一口气。G于是去做其他活动了。在此节治疗结束、他将要离开的时候，他非常友好地和我道别。

> 我认为在这里，G展示出他内在世界的一部分和他体验到的焦虑——他执意迫使客体屈服，如果客体不遂自己的意愿，他就会表现出暴力，而暴力会进一步加剧他的焦虑，这使得分析师和游戏室都变得具有迫害性。之后，他就需要离开，需要逃跑。

（Joseph，2001，pp. 190–191）

梅兰妮·克莱茵是最早发展出儿童精神分析方法的精神分析家之一，她通过让儿童使用玩具进行游戏，而非仅仅依靠谈论自己头脑中的想法，来理解儿童。几乎在她发展出儿童游戏方法的同一时期，安娜·弗洛伊德（西格蒙德·弗洛伊德的女儿）也发展出一个略有不同的方法。之后两人的观念出现竞争角逐，而且这一竞争至今还在延续。

第一章　她是谁?

关键词

· 梅兰妮·克莱茵生平　　　　　　· 内省
· 在维也纳和布达佩斯的精神分析

促使一个人走上精神分析道路的原因多种多样，但通常都会包括当事人在自己人生中遇到的一些困难，这让他们去自省和反思。

在我们所知道的情况中，究竟是什么让梅兰妮·克莱茵停下脚步，去考虑自己的人生轨迹呢?

梅兰妮·瑞兹1882年出生于维也纳的一个犹太人家庭。同所有人一样，她也挣扎于自己的内心冲突和失望之中。在学校里，她是个聪明的学生，为了实现当医生的梦想，她继续在预科学校求学——这是一所可以让她达到进入大学标准的高中。为了能通过考核进入该校，她让哥哥伊玛努埃尔辅导她的希腊文和拉丁文。从很小的时候起，她就有着雄心壮志，也十分专注。在青少年时期，她下决心成为一名医生，这在她所处的时代非常不同寻常，因为那个年月很少有女性医生。

事实上，她最后并没有进入医学院。她的父亲本来一开始接受的是医学训练，但后来成了一个不怎么成功的牙科医生。因此，在梅兰妮19岁的时候，家里就把她嫁给了一个化学工程师（也是其兄长的朋友）阿瑟·克莱茵，后者在梅兰妮17岁时就爱上了她。从这时起，梅兰妮·克莱茵就要去面对一个致力于婚姻家庭的人生了。想到要放弃成为医生的打算，对于一个有才华、对生活充满期待的青少年来说，一定是一件非常让人失望的事。

不过，她家里的氛围还是相当开放和平等的，例如梅兰妮的父亲就违背了自己父母的意愿，学习医学而没有去做拉比①，而她的母亲是个很有力量的女性，后来成为家里的主要经济支柱。也许这一切都影响到了年轻的梅兰妮，影响到了她的好奇心以及她在学术和临床工作上的雄心。

大约在1900年，她的哥哥因为被诊断出肺结核而放弃了医学院的学习，继而因健康原因去地中海旅行并从事诗歌写作。1901年，他在热那亚的旅途中不幸去世。梅兰妮一直和哥哥十分亲

---

① 犹太人的学者，犹太教负责执行教规、律法并主持宗教仪式的人。——编者注

近，对哥哥崇拜有加。梅兰妮在9岁写下第一首诗时，也是哥哥称赞了她。因此，兄长的离世对于梅兰妮和她的家庭来说是一个重大打击。之前，当梅兰妮还只有4岁大时，她的姐姐西朵妮也因为肺结核丧生。

梅兰妮的丈夫在布达佩斯找到工作，因此这个年轻的家庭举家搬离了维也纳。梅兰妮在1904年和1907年生了两个孩子（梅丽塔和汉斯），之后又在1914年生了第三个孩子。在她生命晚年回顾人生时，她描述自己甚至在结婚前就内心迟疑，觉得嫁给她的丈夫会是她人生中的一个错误。在1920年，她和丈夫分道扬镳。显然，梅兰妮·克莱茵对自己的命运安排并不满意，因此她每生下一个孩子都经历了一段抑郁期，这其实也让人毫不意外——这是所谓的产后抑郁，这种情况非常普遍。它常和怀孕期间、生产过程以及母乳喂养期间的荷尔蒙平衡程度有关。但看起来它也必然和产妇的境遇有所关联，因为我们除了对身体功能的变化有反应，也会对生活事件做反应。在梅兰妮·克莱茵的情况中，她的境遇就包括了由于丈夫的工作，不得不搬离维也纳，举家搬迁到奥匈帝国其他地区这个事实。

由于她过得十分不快乐，再加上1914年对她来说又是关键的一年——在这年中，她生下了她的第三个孩子，她母亲也在同一年逝世（更不要说这一年是一战浩劫的第一年），因此，她（可能也包括她丈夫）开始考虑寻求某种形式的心理帮助。这样的帮助在我们今天举手可得，但在那个年代十分稀少。

小结

梅兰妮·克莱茵并不满足于家庭生活，而她当医生的梦想被提早到来的婚姻所击碎。她的事业起始于她个人的不幸福，也起始于女性开始要求被赋予和男性同等职业机会的运动早期。当她发现精神分析带来的可能性后，她儿时成为医生的梦想再次被唤醒了。

梅兰妮·克莱茵心怀壮志，要去找到她自己的路，做出她自己的贡献。那么，这将是什么呢?

第二章　她从哪里起步？

关键词

· 成为一名精神分析师　　· 个人分析

· 儿童观察　　　　　　　· 好奇心的抑制

· 开启儿童分析

　　梅兰妮·克莱茵恰在一个新思想、新发现盛行的年代找到了精神分析。那么，一个生活在欧洲中部、一名普通工程师的普通妻子，已是三个孩子妈妈的克莱茵又将怎样去探索她的精神现实呢？

　　20世纪初叶，有什么样的机会在等待她，让她在她的职业生涯中做出一番贡献呢？

　　尽管经历了好几次抑郁发作，但她充满探究的心灵还是指引她从书中获得了慰藉。大概是在一家书店，她偶遇了西格蒙德·弗洛伊德的一本小书，标题是《论梦》，该书出版于1901年。这本书概述了他之前的作品《梦的解析》——这是弗洛伊德在发现梦也有含义并对它们进行细致研究后的成果（Freud, 1900）。在1914—1915年，克莱茵三十岁出头，生活在匈牙利的布达佩斯（Grosskurth, 1986）。尽管她出生在维也纳，但此前她并不知晓弗洛伊德的观点。不过，在发现了弗洛伊德的这本小书后，她得到了极大的启示。对此，她写道：

> 我记得我阅读的弗洛伊德的第一本书，就是他的一本小书，《论梦》（而不是《梦的解析》）。我记得当我读到它的时候，我知道就是它了——这就是我想要达到的目标，至少在那些年是这样的。我那时非常热切地想要找到可以从智力上和情感上满足我的东西。
>
> （维尔康姆图书馆档案：未发表手稿①）

这引发了她内心的渴望，首先就是为自己寻求治疗；与此同时，这也重启了她曾经想要当医生的雄心壮志。她的第一步就是寻找一位精神分析师，帮助自己克服抑郁症状。

出于偶然——但多少也得益于她本人的机敏聪慧，克莱茵找到了弗洛伊德在布达佩斯最重要的跟随者——桑多尔·费伦齐。

---

① 本篇内容取自伦敦维尔康姆图书馆档案馆收藏的梅兰妮·克莱茵自传中未发表的部分。该文可从梅兰妮·克莱茵基金会网站上看到：www.melanie-klein-trust.org.uk/domains/melanie-klein-trust.org.uk/local/media/downloads/_MK_full_ autobiography.pdf

似乎克莱茵丈夫的办公室里有一个姓费伦齐的同事，而此人正是桑多尔的表兄弟。由于这层关系，梅兰妮·克莱茵接触到了精神分析。在战争年代，克莱茵接受了个人分析，尽管由于费伦齐被招从事军医服务，这段分析时常遭到打断。

之后，两个重要因素在她生命中起了关键作用。第一个因素是费伦齐注意到梅兰妮·克莱茵的才华、聪敏和好奇心，于是鼓励她进一步发展这方面的优势；第二个因素是当时精神分析学界对于抑郁的根源在理论层面有了重大发展。

第一个因素，费伦齐对克莱茵能力的信心，鼓励了克莱茵去探究儿童发展这个主题。在一战将要结束时，即1918年，她自己的三个孩子分别是14岁、11岁和4岁。她不仅是一个母亲，而且对孩子们的发展有着严肃的好奇心。第二个因素则来源于弗洛伊德自己的研究和文章。事实上，克莱茵将对弗洛伊德大约在10年前（1909年）发表的一篇精神分析史上重要的案例报告产生浓厚兴趣，这是一个叫作小汉斯的四岁半男孩的案例。

从很早的时候开始，弗洛伊德就热衷于将精神分析从治疗病理情况的方法转变为一个发展理论。弗洛伊德相信，人的成长要经历不同阶段，他将之分别称为口欲期、肛欲期和性器期（最后一个阶段的重要特征就是俄狄浦斯情结）。然而，在那个年代，弗洛伊德和其他精神分析师只给那些寻求疗愈自身症状的成年病人做分析。在给成人进行精神分析的基础上，他创造出了针对婴儿和儿童的发展心理学。但弗洛伊德毕竟是一个接受过良好训练的医学家，他感到有必要通过探索真正的儿童心灵生活以确认他对人类儿童期发展的建构，而不能仅仅从成年期的材料反推。

但在1920年之前，从来没有人给儿童进行过精神分析，理由是儿童不会想到自己有症状然后去寻求帮助。因此，作为替代方法，弗洛伊德大约从1905年起，请自己的同事、朋友们观察他们认识的小孩子。他的小汉斯"案例"最终发表于1909年。案例材料是男孩父亲——一位叫作马克斯·格拉夫的音乐家——对自己儿子（赫伯特·格拉夫）所做的观察。以这种方式，弗洛伊德得以通过一种与临床方法不同的手段评估一个儿童的发展。这个男孩的父亲经常和儿子谈话，之后写下笔记，记录下小汉斯对于父亲问题的回答，再将这些记录寄给弗洛伊德。弗洛伊德发现，他确实可以从小汉斯父亲的观察和询问中，证实他对于儿童发展的理论建构。

之后，又有一些精神分析师仿效弗洛伊德和小汉斯父亲工作的方式（Freud, 1909），对自己的孩子进行了观察。无疑，当费伦齐在鼓励克莱茵使用自己超群的观察力时，他就向她推荐了弗洛伊德的这篇文章。非常有可能的情况就是，梅兰妮·克莱茵不仅对儿童心灵的发展产生了兴趣，也对自己孩子的发展产生了兴趣。

在1917—1918年期间，克莱茵也加入了论证弗洛伊德人类发展理论的精神分析研究大军。1919年，费伦齐鼓励克莱茵申请加入匈牙利精神分析协会，正式成为一名精神分析师。要达成这个目标，克莱茵必须向协会成员呈报一篇论文——最终，她做到了。她论文的主旨是描述儿童的好奇心在家庭和学校中的发展方式。她尤其注意到儿童的好奇心并非平稳发展的。儿童经常为婴儿来自哪里这样的问题困惑不解，其他造成困扰的打断和神秘事情也都会对他们的和谐生活产生干扰。克莱茵就像一个现代母亲那样，相信在回答问题时要尽可能讲事实，但她发现儿童有时候还会继续询问，似乎他们并没有听进去她之前的回答。这就仿佛儿童在接受事实方面有什么阻碍似的。克莱茵对此的精神分析解释是，它是俄狄浦斯情结的后果：

> 当我对比儿童锲而不舍的追问——之前的回答好像让他们恍然大悟，但很快又让他们变得一会儿若有所思，一会儿流于肤浅——和他们听到回答后表现出的对问题的厌烦甚至拒绝时……我愈发相信，这是因为儿童强烈的探索冲动和他们同样强烈的压抑倾向发生了冲突。

（Klein，1921，p. 29）

她还举例说明阅读的努力是如何被压抑和升华的性幻想所充斥的。例如：

> 在弗里茨看来，他写字时，线条意味着道路，字母驾驶

着"摩托车"——钢笔——驰骋在线条上。例如，"i"和"e"一起坐"摩托车"，通常"i"是"司机"，它们亲密相爱，此爱之深人间不可见。因为它们总是一起坐摩托车，所以它们彼此愈发相像，竟不能区分你我。"i"和"e"的开头和结尾都是一样的，只是在中间部位，"i"要小小划一笔，而"e"中间有个小洞洞……

她继续写道：

"i"们有技能，它们显赫而聪明，它们有许多尖尖的武器，生活在山洞里。不过山洞和山洞之间有高山、花园和海港。

（Klein，1923，p. 64）

克莱茵评述说："它们代表了阴茎及其交媾的路径。"

梅兰妮·克莱茵带着两个目标走向了精神分析：首先是她让自己得到帮助、缓解自己症状的需要；其次是她对儿童发展的研究兴趣（作为一个母亲，她在这方面有相当丰富的体验）。在1920年之前，很少有女性精神分析师，而这些女性精神分析师成为母亲的也不多。克莱茵证实了儿童也和成人一样受制于俄狄浦斯情结的冲突和抑制。

小结

克莱茵在成为一名精神分析师的道路上迈出的第一步，就是从当时精神分析理论的角度观察儿童。她的观察部分地证实了弗洛伊德在成人临床工作基础上建构的儿童发展理论。克莱茵不仅成了一名专业的精神分析师，而且几乎立刻就开始为理论发展做出了贡献。这也进一步为她的事业发展提供了帮助。

那么，梅兰妮·克莱茵的发现会和什么辩论产生联系呢？

第三章　建立精神分析的基础

关键词

·克莱茵早期受到的影响　　　　·狼人案例

·儿童发展

　　当克莱茵在1919年成为一名职业精神分析师时，弗洛伊德已经在三个基本信条[①]上做了大量论述，但与此同时，不同的声音也越来越响亮。弗洛伊德的一些早期同事（包括阿尔弗雷德·阿德勒、卡尔·荣格等人）开始发展出不同的理念。弗洛伊德因而感到有必要清晰指出精神分析究竟是什么。尽管大多数人都接受精神分析的主要关注点在于精神现实、无意识和象征，但持不同意见者质疑无意识以及精神现实的内容到底是什么；他们以不同的方式解读这些内容中的象征。阿德勒认为核心议题是自卑感以及对权力的反应性挚

[①]　参见本书前言。

爱；荣格的观点则比较接近弗洛伊德，认为核心仍属本能性的，但他不同意弗洛伊德对性本能的强调（或他认为的过度强调）。作为回应，弗洛伊德声明精神分析的本质就是力比多，它形成了俄狄浦斯期的冲突。

那么，克莱茵的早期观察对这场辩论有何影响呢？

弗洛伊德关于梦的理论已经相当清楚明确地证实，我们的内心世界有一片无意识区域，在这里，我们也会去思考自身、我们的生活以及生活中的其他人，但是我们意识不到这些想法。我们之所以不能意识到这些想法，要把它们存放在无意识区域，是因为如果我们从意识层面知晓这些，就会感到非常痛苦。俄狄浦斯情结成为弗洛伊德所发展的精神分析理论中最为重要的核心理念之一，它也被认为是心理痛苦、有时甚至是淹没性心理痛苦的来源。

那么，儿童会有这类淹没性的痛苦思维吗？弗洛伊德在整个19世纪90年代都挣扎于这个问题，而他的最终结论是"是的"。他指出这些痛苦思维汇聚成一个包含着念头与感受的情结。这一情结类似于古希腊神话故事中俄狄浦斯的故事。概括地讲，俄狄浦斯由养父母带大，在无知觉的情况下，他杀死了自己的生身父亲，娶了自己的母亲，与她建立了家庭，进而实现了早年对他的预言（诅咒）。弗洛伊德认为这是一个孩子头脑中对父母想法中的核心念头，但因为它实在太难以接受了，所以绝不能为意识所知晓。

　　这就形成了精神分析的核心，一个强有力的理论，它指出小男孩从很早的时候起就对妈妈有欲念，但这又是完全无法被接受的，因为它意味着要杀死爸爸，将之从欲望的道路上清除。弗洛伊德认为，这一切对于一个孩子而言都是具有淹没性的、令人难以接受的，因此，儿童必须将这些想法和愿望贬黜（压抑）到无意识心灵中。这一观点隐蔽地指出，儿童在很小的年纪——远早于青春发育期和少年期——就对性有某种觉知。弗洛伊德的医学同僚们认为这是个奇思怪想，也因此持续批判他，因为这和天真儿童的概念实在大相径庭。弗洛伊德则认为，儿童内心充满了关于性、谋杀和内疚的想法，只不过这些想法不会浮现到他们头脑或行为的表层来。这也是弗洛伊德向其同事征集儿童观察案例的一个主要原因——他想看看这些从成人分析中推导出的理论，是否能够被更为直接的儿童观察所证实，亦即，是否存在一个充斥着各种感受和幻想的潜抑的无意识区域。

　　由于机缘巧合，弗洛伊德获得了第二条通往这遥远的儿童发展区域的研究路径——一个24岁的男性来寻求弗洛伊德的精神分析治疗（Freud, 1918）。这个男人告诉弗洛伊德他做的一个让人不安的和狼有关的梦，但让弗洛伊德感兴趣的是，这个男人是在他大概4岁（还是个孩子）时做的这个梦。那么这就意味着，如果弗洛伊德分析这个儿童时期的梦，也就相当于分析了一个儿童的精神现实。

　　这个男人就是我们现在熟知的"狼人"，因为他的梦和狼有关。他的创伤发生在做这个梦的早些时候，大概在他18个月大时。是什么创伤呢？这个创伤并不是什么明显的虐待：在一次家庭假期中，这个年龄尚小的男孩目睹了父母性交的过程。弗洛伊德推测，正是这一创伤导致他在4岁时做了这个恐怖的梦，并引发了他20多岁时出现症状，进而让他寻求精神分析治疗的帮助。弗洛伊德认为，从18个月到24岁的历程里，存在着一个延续的发展，而因为事件带来的震惊，确切记忆就被埋藏到无意识中了。

弗洛伊德将这个案例作为他称之为"婴幼儿性欲"的证据。父母的性活动对于一个18个月大的孩子而言太震撼；而孩子并非中立的。弗洛伊德推测，婴儿头脑中会有一些特定的心智过程，它让事件具有特殊意义并具有创伤性质。

不过弗洛伊德也认为，将事情赋予性意义也是所有儿童早期发展过程中的一个必经之路。那么弗洛伊德是在什么时候发表的这个案例呢？答案是1918年。同一年，克莱茵正接受训练，即将成为一名精神分析师。她观察自己的孩子，看到他们充满了好奇心，但这些好奇心又会被一些问题干扰和打断。此时，她一定会想到弗洛伊德提出的儿童这种对性——或他命名的"原初情境"——的兴趣。

作为一个接受医学训练的生物学家，弗洛伊德推断婴幼儿性欲是人类进化过程的遗留物。人类幼儿需要更长的时间来发展，可能因为这能让刚刚增大的脑容量得到最大化的发展机会。虽然人类的大脑发展了，但似乎情绪和感知方面没有跟上。所以就像灵长类早期物种那样，人的性仍然在2—3岁的年龄开始发展，但是之后会有很长一段时间处于潜伏状态，直到儿童到了10—12岁。这就在大概2—12岁之间造成了张力，此时，儿童已在性方面准备好成熟，但是必须等10年左右时间才可能得到满足——这的确是很长一段时间。弗洛伊德认为其中的张力和挫败会在儿童心灵中激起各种意象，而这些意象呈现为俄狄浦斯故事的模式。克莱茵自己提出的理论也反映出相似的想法。她的观察进一步补充了弗洛伊德和其他分析师所提供的观察和证据。她看到，不仅儿童情绪发展会受此影响，他们的认知也会被干扰和抑制。因此，克莱茵对于这场针对精神分析本质的辩论的贡献就在于，她的研究展示出俄狄浦斯情结冲突不仅影响儿童的情绪发展，也会波及他们的智力发展。

小结

一战后，人们对新观点、新想法有着极大的热情，克莱茵正是在这种氛围中开始她的事业的。那时，弗洛伊德的工作也逐渐被欧洲和北美的专业人士和知识分子们严肃对待。克莱茵年轻时的雄心壮志再次被点燃，这鼓励着她为这场理解儿童心理发展的辩论做出了原创性的贡献。

那么，这场辩论又对克莱茵本人有何影响呢？

第四章　何为精神现实?

关键词

· 精神现实　　　　　　· 哀悼与丧失

· 对"客体"的内化

　　在第二章中我们提到，来自费伦齐的鼓励是克莱茵决心成为一名职业精神分析师的第一个重要因素，而第二个重要因素则是当时精神分析家们开始对"抑郁"的理论产生了兴趣。弗洛伊德及其同事们雄心勃勃地扩展精神分析对于人心理理解的疆土，他们转向了不同的方向，其中一个方向就是克莱茵本人所经受的历练——抑郁。

　　那么，克莱茵从当时的精神分析理论中汲取到了什么来帮助自己发展出自己的理论呢?

　　弗洛伊德另一篇发表于1917年的论文也对刚刚开始对心理

学感兴趣的克莱茵有所影响。这篇论文就是《哀悼与抑郁》（Freud, 1917）。很有可能的情况就是，克莱茵因为自身深受抑郁困扰，而被这篇论文吸引，进而去研究它。

弗洛伊德在这篇论文中提出的论点是，哀悼和抑郁都是对失去所爱之人的反应，只不过它们分别代表了两种截然不同的反应。尽管处于哀伤期的人会在哀悼过程中感到极为悲伤，但他们能够从中慢慢恢复；而抑郁所带来的悲伤会逐渐成为一种持久状态，并开始带有某种苦涩和怨气——尤其是这种怨气是指向自己的。因此，抑郁是一种偏离正常哀悼的情况。

弗洛伊德寻思，究竟是什么造成了两种不同的反应呢？他最终的结论是，那些最后抑郁的人在更大程度上受到愤怒——对所爱之人的愤怒——的困扰。他称这种状态为"矛盾情感"，即既爱又恨的双重感受。这两种对立的感受无法调谐。这样，当失去所爱（也是所恨）之人时，愤怒就转向了当事人自己，这就造成了抑郁中典型的但又令人难以理解的自我批判和无价值感受。

因此，哀悼的过程和抑郁的过程十分不同。当我们哀悼某人的离开时，我们会逐渐舍弃我们对他们的兴趣。我们会回顾所有与之相关的记忆——例如伴侣会一件一件整理逝者的衣物，或者重温两人互换的所有情书。相对地，抑郁的人会经历一个非常不同的无意识过程。他似乎开始相信所爱之人还没有离开——他们还没有死去。所爱之人通过内化，一直被保鲜在抑郁之人的内部！假装并没有发生真正的死亡，这其实是个有些疯狂的想法。为了能持续相信他们还活着，抑郁者就变成了离开的那个人——这个过程现在被称为"认同"。又因为成了失去的那个人，所以之前朝向他们的（和对他们的爱并存的）攻击性和怨恨现在也转向了自身。可以想想这样的情形，哀伤中的人们对于逝者感到生气，感到被他们背叛，因为他们抛下生者不顾而离开了。现在，再来想象一下，如果所有这些感受都在无意识中进行，那么它们就会一直处在未解决状态。这样，抑郁就包含了对自己无止境的批判和憎恶；之前这些恨都是指向所爱之人的，现在，这些恨朝向自己，也就存在风险驱使当事人想要杀死自己。

弗洛伊德所描述的这个复杂过程常常让读者疑心重重，整个过程太过于精细甚至让人感到牵强。但像克莱茵这种迫切想去理解自身抑郁状态的人，他们很可能要比一般读者更努力地去理解自身内部的这个客体。几年后，弗洛伊德改变了观点，因为他意识到这种内化过程其实相当普遍；事实上，他提出，"自我这个角色是对被抛弃客体的贯注的沉淀物，包含了客体选择的历史"（Freud，1923，p. 29）。这是一个相当激进的想法，它指出人的内部世界是由从外部世界所摄取的那些客体组成的。所谓"贯注"，按弗洛伊德的意思来讲是兴趣和爱的聚焦。不过之后弗洛伊德并没有进一步阐释这个想法。

克莱茵似乎受到这些因素——狼人案例、《哀悼与抑郁》，以及她自己的观察——的强烈影响。克莱茵在1919年开始她的职业生涯时，进一步提出了包含三个基本元素的核心观点，并开始了她的新观察。这些核心观点包括：

（1）儿童对性的好奇心会引发困难，甚至创伤。

（2）似乎至少有一种症状或状态的一个来源是对同一个人感受到的攻击性超出了对他（她）的爱。

（3）在某些情况下，一个人可以想象他人（术语为"客体"）被自己的心智内化，就仿佛他们之后在这个人内部有了自己的生活一般。

最后，还有一个因素在克莱茵与抑郁斗争的过程中起了相当不同的作用。第一次世界大战之后，奥匈帝国瓦解，匈牙利成了一个独立却政局不稳定的国家，并开始出现严重"反犹"的情况。在这种情况下，克莱茵和丈夫离开了这里。阿尔弗雷德·克莱茵在瑞典找到了一份工作，但此时，梅兰妮·克莱茵决定不再跟随他。1921年，她转道去了柏林。为何选择柏林？因为柏林是弗洛伊德又一个有才华的跟随者和亲密同事的定居地。这个人就是卡尔·亚伯拉罕，他此时已经是使用精神分析方法治疗躁郁症患者的一名权威。此前，他和弗洛伊德就各种想法的探讨也帮助弗洛伊德写成了他的《哀悼与抑郁》一文。因此，克莱茵到这样一位抑郁症专家门下学习似乎也是一件合情合理的事情。

这一切努力都是在克莱茵想要继续上大学、拥有个人职业理想落空后，她善用挫败感的结果。不过，现在她有机会借助卡尔·亚伯拉罕对她抑郁问题的理解进一步整合她对儿童智力、好奇心发展的研究以及对淹没性挫败感和攻击性的理解了。事实上，她于1924年初，开始了和亚伯拉罕的又一段精神分析。

小结

克莱茵和费伦齐的治疗性分析让克莱茵进入了精神分析这一行。1917—1918年间，有一些特定因素塑造了克莱茵的思想，其中，小汉斯案例、狼人案例、《哀悼与抑郁》一文对她的影响尤为重要——尤其是考虑到她本人也遭受抑郁之苦。本章回顾了这些重要因素对于克莱茵事业初始的影响。

那么，内化（也被称为"内摄"）这个概念是如何成为克莱茵理论中的一部分的呢？

第五章　如何理解儿童?

关键词

· 在柏林接受精神分析　　　· 发展出儿童分析

· 游戏技术

正如我们所见，克莱茵的确有着雄心壮志，那种围绕抑郁情绪展开的宁静生活并非她所期待的人生。在1921年移居柏林后，克莱茵发现自己身处一批才华横溢的精神分析师之中，包括弗朗兹·亚历山大、汉斯·萨克斯以及卡伦·霍妮。由于克莱茵之前研究儿童的经验，包括她发现了儿童确实会被那些痛苦的情结明显干扰，所以，那时对她而言再自然不过的事情就是进而考虑如何能以精神分析的方法治疗和帮助儿童。

那么，当克莱茵发展她的儿童精神分析方法时，她都想到了些什么呢?

1924年，克莱茵已经在柏林和维也纳呈报了数篇儿童分析的论文。这些论文相当具有争议性。那时，詹姆斯·斯特拉齐的妻子艾丽克斯也在柏林接受亚伯拉罕的分析。从她写给丈夫的信件中，我们可以窥见一斑（见Strachey and Strachey，1986）。以下是艾丽克斯在1924年12月14日（周日）写给丈夫的信中的部分内容：

> 我想告诉你昨晚的会议有多么刺激。克莱茵提出了她关于儿童分析的观点和经验，反对者们终于冒出他们老朽的头颅了——真的是太老朽了……尽管克莱茵绝对清楚地展现出这些儿童（2岁9个月以上）已经会被压抑的欲望和令人咋舌的严苛超我所折磨。反对者包括亚历山大医生和雷多医生。他们的反对完全是情绪化且"理论化"的，因为在场的人中只有克莱茵和一个叫舒特的人对这个话题有真正的发言权。不过舒特太畏缩，他什么都没说，尽管他同意克莱茵的观点……克莱茵也反驳了亚历山大的其他反对意见。她指出，对儿童诠释他们症状的意义是无用甚至有害的，因为（1）儿童无法理解，以及（2）他们会被吓晕……如果克莱茵的报告准确的话，那么在我看来，她的案例都是压倒性证据。之后她会去维也纳朗读她的论文，可以预期，她在那里会遭到伯恩菲尔德和艾因霍恩那帮不可救药的学究们的反对，不过我也担心，安娜·弗洛伊德这个公开或隐秘的多愁善感者也会反对克莱茵。

（Strachey and Strachey，1986，pp. 145–146）

显而易见，艾丽克斯是克莱茵的支持者，她对克莱茵后来移居伦敦也起了关键性作用。

但克莱茵将怎么建立起一个儿童治疗情境呢？虽然儿童也会使用词语，但他们有很多东西并不知道该如何用语言表达。那该怎么克服这种局限性呢？克莱茵灵感乍现，她想到，如果语言是成人自然的沟通媒介，那么游戏就是儿童使用的媒介。之后，克莱茵决定提供给她的儿童病人一系列小玩具。就像成年病人被要求讲出所有脑海中闪过的想法进行"自由联想"（在那个年代也被称为"意识流"）一样，儿童病人现在有机会进行自由游戏。游戏的自发性非常重要。克莱茵问自己，儿童游戏中的叙事以及情节都来自哪里？她的回答是，这些游戏内容来自儿童在他们生命中参与的活动以及他们看到的他人从事的活动。她认为有些内容只是简单地重复意识中的记忆和感知，有些内容则会被无意识所渲染。

她也的确通过实践证实了儿童游戏中有些元素受到无意识的强烈影响。换言之，儿童的游戏会被那些从意识领域被排挤到无意识领域的、无法管理的事物所影响。在无意识领域，这些事物以象征（伪装）的形式浮现出来，例如在游戏中展现出的活动、关系和矛盾冲突（这就和它们以伪装的形式在梦中展现一样）。

但儿童并非总能自由自在地游戏。有时候他们会遇到阻碍，出于种种原因，他们的游戏受到抑制。那个时候，成人分析师们正在讨论"阻抗"这种现象，它指的就是有时候病人的自由联想似乎接近了一种特别让人感到有压力的体验、冲突或接近了无意识中的焦虑。此时，自由联想停止，病人抗拒"想到什么就说什么"的指令。遇到这样的情况，分析师便知道，一些病人无法管理的想法此时已经接近了意识的海平面，唯一能让它们不浮现出来的方法就是抑制整个心智，这样，无意识也就停下了自由联想。克莱茵认为，游戏中出现的阻碍和抑制也有着类似的过程，当有些令人无法忍受的东西要蹦入意识心灵时，无意识就停下了自由游戏。

所以，克莱茵的方法就是让儿童展开游戏，然后关注他们在什么时候遇到阻碍。阻碍的出现就意味着这里出现了焦虑，而这一焦虑恰好和阻碍出现前一刻正要被表达出来的冲突有关。

例如下面这个克莱茵的早期案例。该案例来自克莱茵本人的记录，案主是一个叫彼得的3岁9个月大的男孩：

> 在彼得来的第一个小时的一开始，他拿了玩具马车和汽车。他先是将它们一个接一个地摆放，然后又将它们并排摆放，之后又好几次重复这两种摆放位置。他又拿起了一匹马和一辆马车，并且用一个撞击另一个，这样一来，马的脚都缠绕到了一起。他说："我有了个小弟弟叫弗里茨。"我问他这些马车在做什么。他回答说："这不好。"然后他立刻停止了撞击。

（Klein，1932，p. 41）

一旦分析师注意到他的举动，彼得就会立刻停下，仿佛他感觉被这件事干扰到并且因此被注意到：

> （但他）很快又开始了。他以同样的方式撞击两匹玩具马。看到这些，我说："看这里，这两匹马就是两个相互撞击的人。"他一开始说："不，这是不好的。"

同样的抑制再次发生了。

> 但之后，他说："是的，这是两个相互撞击的人。"然后他补充道："马也相互撞击了。现在它们要去睡觉了。"他接着用积木盖住了马，说："现在它们差不多死了。我已经埋葬了它们。"

从这个游戏进展到抑制出现后的情况来看，这个小男孩似乎对那两个相互撞击的人有很多愤怒、攻击性，甚至是谋杀的欲念。克莱茵做出了一个诠释，慢慢接近了彼得的攻击性反应。从这里，我们可以看到，克莱茵的脑子里很可能正想着狼人目睹父母性交的创伤。攻击性首先浮现出来，但克莱茵没有立刻去影射性交，尽管彼得的弟弟出生这件事被提及。同时，我们可以看到，在克莱茵对小男孩的的攻击性做出诠释后，他的游戏似乎变得少了些重复性，多了些自由感。克莱茵解释说：

> 在第二个小时，他立刻像上次那样整理好汽车和马车——排成一排和并排放；之后，他再次撞击两辆马车，之后又去撞击两个火车头。接着，他将两个小秋千并排摆放，

将垂下来会摆动的部分翻出里面给我看，说："看它摇晃和撞击。"我接下来进行了诠释，指出这些"摇晃"的秋千、火车头、马车和马其实都是两个人——他的爸爸和妈妈——撞击他们的"那个东东"（thingummies）（他指代性器官的词）。他反对，说道："不，那样不好。"但他又接着撞击那两辆马车，并说："这就是他们撞击他们那个东东的样子。"马上，他又谈起他的弟弟。我们在彼得的第一个小时中看到，他在撞击完马车、马匹之后，也曾提到他有了一个小弟弟。于是我继续诠释说："你想到你爸爸妈妈一起撞击他们的那个东东，这让你弟弟弗里茨出生了。"现在，他拿了另一辆小马车，让三辆马车都撞到一起。我解释道："这是你自己的那个东东。你也想去撞击爸爸、妈妈的那个东东。"我说完，他又加了一辆小马车，说："那是弗里茨。"之后，他将两辆小一些的马车分别放在一个火车头旁边。他指着一辆马车说："那是爸爸。"又指着另一辆马车说："那是妈妈。"他又指向第一辆马车，说："那是我。"又指着第二辆马车说："那也是我。"这样，就展现出他认同了交媾中的父亲和母亲。这之后，他反复撞击两辆小马车，并告诉我说，他和他的弟弟为了让两只小鸡安静下来，就让它们进了卧室，可是它们相互乱撞，还在卧室里吐了。他还补充道，他和弗里茨不是粗鲁的贫民孩子，他们不会乱吐痰。我告诉他，那两只小鸡是他和弗里茨的"那个东东"，它们相互乱撞还吐痰其实是自慰的场景。彼得在小小的阻抗后同意了我的说法。

在此，我只能简短地呈现出儿童幻想在游戏中的体现，以及在持续诠释的影响下，他们的游戏也会变得越来越自由。

（Klein，1932，pp. 41–42）

克莱茵在最后谈到了她看到的要点——由父母性交引发的愤怒，但这里的关键证据是孩子的游戏变得更加自由了。因此，克莱茵强调，这样的情况就说明有必要通过游戏去探索儿童的无意识知识和幻想。她也指出，如果她这样来诠释，就会得到明显的回应——本来被抑制的游戏现在变得自由了。从这种变化中，克莱茵推论出，儿童无意识体验到的焦虑现在变得更容易被管理了，因为儿童感到治疗师理解到了一些先前无法被管理的事情。

克莱茵在这里的诠释是完全正统的——它仍然关乎儿童的俄狄浦斯反应。与此同时，有一些重要的方面值得注意。首先，克莱茵使儿童分析完全平行于成人的精神分析。它们是平行的，而并非完全相同的。儿童分析的元素是自由游戏、抑制现象和对俄狄浦斯情结的诠释，这些对应了成人精神分析中的元素——自由联想、阻抗和对俄狄浦斯情结的诠释。这样看来，克莱茵完全是一个正统的精神分析师。但也需注意到，克莱茵很仔细地跟进这个过程，她可以展现出基于她对焦虑的理解，她的方法是有效的。这样的结论是在有证据的基础上做出的——如果我们用当代的循证概念来描述的话。这里的证据就是诠释对于游戏的影响——儿童的游戏变得更加自由，就好像儿童感到更放松、感到被听到了（但还不仅如此，就好像儿童的无意识被听到了）一样。

小结

克莱茵成为重要精神分析理论家的第一步就是她发展出了一种对儿童进行分析性治疗的方法。这一方法与对成人进行精神分析的方法非常相似。她的游戏技术被证明可以成功地帮助儿童，同时可以发现心智发展的更多细节。

那么，她在使用儿童治疗游戏技术时，有哪些早期发现呢？

第六章　新发现，谁说的？

关键词

·早期俄狄浦斯情结　　　　·超我

·儿童分析中的诠释　　　　·精神分析中出现异议

新工具的发明不可避免地会引发新发现。例如，伽利略改进了望远镜，这让他发现了木星的几颗卫星。同样，身处精神分析热烈发展时期的克莱茵也发现自己被推动着去对弗洛伊德式现象进行新的描述。

那么，克莱茵认为她都发现了什么呢？

发展出儿童精神分析方法给梅兰妮·克莱茵带来了一个更大的麻烦。她发现一些证据表明，弗洛伊德的有些理论需要被修正。其中很关键的一个问题就是，克莱茵认为，个体的超我在弗洛伊德估计出现的时间之前就已经形成了。同样，她也看到俄狄浦斯情结在更早阶段就会现身。那么问题来了，这些修正虽然现在看起来无足轻重，但在当时的时代背景下则可能变成"异端"的信号。其原因是弗洛伊德在大概10年间都挣扎于与同事们的不同意见中，而其中一些同事还曾是他最富有才华的追随者，包括一战之前的卡尔·荣格、阿尔弗雷德·阿德勒，以及20世纪20年代的奥托·兰克。最终，弗洛伊德将他们驱逐到正统精神分析运动的正式队伍之外。因此，不同意见在那时是个相当敏感的话题，而想要对这个领域的发展做出贡献的分析师就需要特别小心，不能表现出要去挑战弗洛伊德已确立的理论和模型。

1926年，新一轮对"异端邪说"的指控马上就要爆发了。那一年，安娜·弗洛伊德也发展出了她自己对儿童分析的结论。她强硬地指出，儿童分析不能像克莱茵提倡的那样，跟随成人精神分析的思路。她在一个先验立场上表示，一个小孩子不可能理解无意识的本质或听懂揭示无意识的诠释。此外，成人分析的一个中心面向就是对原初客体——母亲和父亲——早期关系的移情，而因为在儿童生活中，这些人仍然占主要位置，所以儿童无法对分析师移情。

同时，安娜·弗洛伊德还批评克莱茵改变了俄狄浦斯情结理论和超我理论。这两点我们前面有所提及。此时（在亚伯拉罕1925年逝世后），梅兰妮·克莱茵收到英国伦敦最资深分析师们的邀请——包括詹姆斯·斯特拉齐和厄内斯特·琼斯等，已经移居到这座城市。在1927年《国际精神分析杂志》举办的儿童分析论坛上，她几乎得到了众口一致的支持。

因此，克莱茵提出，在更为接近这些早期发展阶段的儿童身上去研究这些发展阶段，会比在20年后在和成人的工作中反推得到更为准确的概念和理解。

小结

克莱茵的早期发现表明弗洛伊德对于儿童发展的基本勾勒是大致正确的。不过，她也确实对弗洛伊德的理论做了些许修正。尽管这些修正在她看来并非重大修改，但其他人认为它们对理论和实践相当有意义。她特别提出的论点包括：力比多在时间上的发展阶段并非那么清晰明确，内疚的源头早于弗洛伊德所推测的起点，以及将早年关系转移到后期关系的移情现象在儿童期就已存在。此外，她也认为俄狄浦斯情结和超我的出现时间都比弗洛伊德所说的要更早。

那么，这些发现对精神分析以及克莱茵本人来说都意味着什么呢？

第一部分总结

在第一部分中，我们追溯了儿童分析的发展缘起以及克莱茵对弗洛伊德发展心理学所做的一些修正。克莱茵在她1932年的著作——《儿童精神分析》一书中详细介绍了这些观点。这本书全面综合地总结了到目前为止她所了解到的现象，以及她对精神分析理论发展的这个时期所能贡献的内容。但克莱茵并未止步于此；在之后的30余年中，她还在理论与实践方面有大量建树。之前，她于1921年至1926年在柏林接受了亚伯拉罕的分析并吸收了他的观点；之后，她在此基础上进一步发展了亚伯拉罕的理论。

进一步阅读建议

克莱茵的早期生活和影响

Segal, H. (1979) *Klein*. Glasgow: Fontana/Collins.

Grosskurth, P. (1986) *Melanie Klein: Her life and work*. London: Hodder and Stoughton.

Likierman, M. (2011) *Melanie Klein: Her Work in Context*. London: Constable.

克莱茵的早期观察工作

Klein, M. (1921) The development of a child. In *The Writing of Melanie Klein*, Volume 1. London: Hogarth, pp. 1–53.

克莱茵和儿童工作的详细结果

Klein, M. (1932) *The Psychoanalysis of Children*. In *The Writing of Melanie Klein*, Volume 2. London: Hogarth.

Klein, M. (1945) The Oedipus complex in the light of early anxieties. In *The Writing of Melanie Klein*, Volume 1: 370–419. London: Hogarth.

Frank, C. (2009) *Melanie Klein in Berlin*. London: Routledge.

概览内部现实

Miller, J. (ed.) (1983) Kleinian Analysis: Dialogue with Hanna Segal. *In States of Mind. Conversations with psychological investigators*. London: BBC.

Waddell, M. (2002) *Inside Lives, Psychoanalysis and the Growth of the Personality*. London: Karnac.

第二部分

最早期的发展——从出生开始

在这一部分，我们将回溯——就像克莱茵一样——去考察卡尔·亚伯拉罕对她思想的影响。克莱茵发展出的儿童分析以及由此衍生的新概念和新发现，将随着时间慢慢失去新鲜度。大多数人会认为这些成绩足以构成一个人一生的贡献了，但梅兰妮·克莱茵似乎仍然被激励着前行。一部分动力可能就来自她对导师卡尔·亚伯拉罕留存的忠诚，后者在她发展儿童分析的工作方法时给予了她极大的支持。亚伯拉罕在和严重紊乱病人（即精神科案例）工作的基础上，也发展出了一些新想法，开始扩展新的研究领域，但不幸的是，他于1925年英年早逝。之后，克莱茵决定继续他的工作。

　　在精神分析发展早期，尤其是在第一次世界大战之后，人们对探索新领域、新事物有着很高的热情和信心。弗洛伊德此前一直都和非住院病人，也就是那些神经症性的、既不危险也不疯狂的病人工作。但还存在着一个庞大的精神疾病世界，人们对其了解很少、研究更少。弗洛伊德也的确尝试以精神分析的方法去理解严重的精神病性病人，但他并非去分析病人本人，而是分

析了病人的回忆录。这个被分析的病人就是施雷伯法官（Freud,
1911a）。卡尔·荣格曾经在苏黎世的布尔格霍尔兹利医院和有
着严重精神疾病的病人工作，正是他将施雷伯的回忆录推荐给弗
洛伊德的。为了理解这些精神障碍，进一步发展他的方法和理
论，弗洛伊德也尝试去认识、了解这些精神病性问题。毕竟很多
分析师在加入弗洛伊德开创的精神分析运动之前，都曾在精神科
工作过，而其中一位就是卡尔·亚伯拉罕。事实上，他也在布尔
格霍尔兹利医院研习精神病学并和精神病人工作过。在加入弗洛
伊德的队伍之前，即1905年至1907年期间，他曾与尤金·布洛伊
尔和卡尔·荣格共事。

在本书的第二部分，我们将从克莱茵回溯到亚伯拉罕，了解
后者是如何使用精神分析的概念建构对严重精神疾病的理解的，
以及这些理解对20世纪40至50年代精神分裂症研究热潮的贡献。

本能和能量

弗洛伊德曾提到，一个本能包括一个源头、一个目标和一个
客体。他的意思是，一个有机体被生物力量——本能——所驱
使，以达成和一个客体的一个目标。他认为，人类在管控、调节
这三个元素方面相当能随机应变。总体而言，弗洛伊德更为强调
第一个元素——本能冲动，他将其理解为来自某一个源头的能
量，并以数量和质量对其进行定性。一个冲动的能量可以用其他

影响来衡量。这样，心智生活就可以被描述为朝向各种不同方向的能量彼此间的抗衡，这就是弗洛伊德经典"经济学模型"的要旨，它描述了能量是如何运行于心智器官之间的。一个来自某一身体部位——例如生殖器（或口腔、肛门等）——的躯体刺激通过神经系统负荷了能量。现在这些能量要通过某些活动（例如性活动）找到发散的出口。性能量通过一个目标（性满足）和一个客体（性伴侣）得以排解。即使是自慰，也是存在某个客体的。这个客体可能是自己，但更常见的就是脑中留存的某个人的形象——请记得这一点！

但是，弗洛伊德在理解精神病的尝试中主要以现实原则为出发点。换言之，他在一段时间内聚焦在人们生活的他者世界上，而不仅仅是能量管理的内部世界。可以说，弗洛伊德是精神分析客体关系方法的真正开创者，只是他将进一步的工作留给了其他人。在他最亲密的同事中，真正严肃地在客体关系层面去理解心智机制的人就是卡尔·亚伯拉罕。

关于"客体"的注释：必须清楚说明，"客体"这个术语指的就是某个人；这就如同一个句子中相对于主语（subject）的宾语（object）。主体（subject）和客体（object）可以被简单地视为自己（自体）和他人（他者）。也许使用"客体"这个术语是想让精神分析理论跻身更为科学、客观的框架（至少从英文看是这样）。鉴于众多文献均使用"客体"一词，我们在此也秉承这一惯例。

第七章　更早期的机制——内与外

关键词

· 原始防御机制　　　　· 投射和内摄

· 理解严重的心智紊乱　· 精神病

· 对客体的强调

　　梅兰妮·克莱茵得到了她的两位分析师——布达佩斯的桑多尔·费伦齐和柏林的卡尔·亚伯拉罕——的极大鼓励。但是，是后者为克莱茵提供了所需的理论依据。亚伯拉罕于1925年逝世，虽然他生前的关注点和弗洛伊德略有不同，但他和弗洛伊德的分歧从未像荣格和弗洛伊德的那样激烈。那么，亚伯拉罕教给了克莱茵些什么呢？

　　本书的第一部分曾提到，到1932年，克莱茵已经完成了一部有关儿童精神分析方法的著作。但此时，她内心中还燃烧着对她的分析师——卡尔·亚伯拉罕——在1925年去世之前提出的新想法的忠诚与责任感。克莱茵认为，她已经"解决"了儿童是否能以精神分析方法治疗的问题，现在她打算转向亚伯拉罕未竟的事业，精神分析中的一个重大的未解难题——如何治疗罹患精神病的病人。

亚伯拉罕的精神科经验对弗洛伊德很重要，而亚伯拉罕也忠诚于弗洛伊德对精神病起源的观点，即精神病起源于力比多发展的早期阶段——口欲期和肛欲期。极端的冲突或挫败可能会导致婴儿在早期发展上出现断层和薄弱点。而在其之后的生活中，这个人就保留了一种无意识倾向性，让他想要返回这种感受模式和与之相匹配的防御方式上。相对地，比精神病性状态紊乱程度低的问题会驱使病人"退行"到性器期（俄狄浦斯阶段）。亚伯拉罕将这个经典理论当作可靠的模板来接受，并在十多年的时间中分析严重紊乱的病人，以确认他们的问题是否来自前俄狄浦斯期（后文简称前俄期），亦即口欲期和肛欲期。

他在理解躁狂-抑郁型精神障碍（今天这种疾病被称为"双相情感障碍"）上取得了长足进步。他的工作和弗洛伊德在《哀悼与抑郁》一文中提出的观点一脉相承，并包含了对"客体"的新思考。换言之，失去某个重要的人或某个"被爱的人"会引发一个有可能出现差错的特定过程，此时哀悼就可能转变为抑郁。作为第一步，我们就来描述和讨论一下亚伯拉罕的工作。

如前文所述，弗洛伊德一直以私人执业的方式接待病人。这些病人是那些神经症性的非住院病人。但弗洛伊德的一些同事，尤其是他在苏黎世布尔格霍尔兹利医院的那些同事，如尤金·布洛伊尔、卡尔·荣格以及卡尔·亚伯拉罕等，都主要从事精神科工作，并相当熟悉那些遭受精神障碍的病人所呈现的症状和承受的痛苦。

在生命的最早期，身体过程和心智过程还没有完全分化。因此，排便和失去一个心智中的客体会被感受为同一件事！弗洛伊德对此的表达是，"自我首先是一个身体自我"（Freud，1923）。他的意思是，身体体验首先是所有的感觉，只有在身体体验慢慢发展后，心智体验才占据上风；一旦心智体验占了上风，它们首先被婴儿以身体过程的方式体验。

亚伯拉罕有一个重要的发现，他看到那些更为严重、有着精神病性问题的病人倾向于使用不同的防御机制来抵御源于前俄期的那些无法管理的体验。对这些病人而言，压抑这种相对简单、只是把体验排挤到无意识中的防御机制不那么常见，而内摄和投射这两个机制则会被更多地使用。亚伯拉罕做出了一个有趣的关联，那就是内摄和将事物摄取进身体有关，这和弗洛伊德所描述的抑郁非常相似（见《哀悼与抑郁》），而这个过程也必然和口欲期有所关联——就仿佛吃东西、吞咽一样。那么相对应地，排空这个过程就可以被类比为投射，从身体层面上讲就是排泄粪便。对于内摄和投射这两种机制，我们还需要进一步解释。

为了找到弗洛伊德抑郁理论的证据，亚伯拉罕开始尝试以精神分析方法治疗躁郁症病人。这些病人会表现出心境的大幅度波动，但在抑郁和躁狂两个阶段转换之间会有一段时间处于清醒状态。亚伯拉罕想要考察，在病人的这些清醒时期，他是否有可能对病人进行分析。

他发现，这些病人进入抑郁状态时会感到自身失去了些什么，而且这种感受是生理的、躯体的感觉，就像排便一样。从这种状态中恢复后，病人又有可能感觉收复了之前失去的东西，并且是从生理上重新获得的，就好像吞咽一样。他为两个过程举了大量实例，下面就是其中之一。这个案例展现出失而复得和投射与内摄之间的关联：

> 病人之前一直钟情于一个年轻女孩儿，并且两人也订了婚。但一些事件……导致他倾向于暴力抵抗。最终的结果是，他彻底放弃了他所爱的客体（这导致一次抑郁发作）……

> 在（从抑郁发作）恢复的过程中，他和未婚妻达成了和解……但没过多久，抑郁再次发作，我在对他的分析中得以详细观察到此次复发的开始和结束。

> 他对未婚妻的抵抗在复发早期就已出现，而其中一个形式是如下这种短暂症状的出现：当他的抑郁症状比平时更糟糕时，他有一种强迫行为，即要去收缩他的括约肌。

> （Abraham，1924，pp. 443–444）

当然，他的肛门是他排泄不想要的东西的出口。在这个案例中，他的症状表现为不愿意失去这个东西，就好像他处于某种冲突中。转换到心智水平，亚伯拉罕认为，这个症状表达了病人对再次失去女友的焦虑，好像女友很容易就会被排出——就像粪便一样。在这里，病人试图阻挡这个过程的发展，他使用的方式就是收缩括约肌。

一方面，这是对前俄期，亦即早期本能冲动——肛欲冲动的描述（见Freud, 1905），另一方面，肛欲冲动也有一个心理层面。在体验的心理层面上，包含着一个和客体的叙事过程。在同一个事件中，既有身体冲动（排便），也有排出往昔爱人（客体）的体验。亚伯拉罕认为，投射是一个和肛门相关的对身体过程的心理体验。

防御机制和对客体的幻想体验之间这种有趣的关联同样适用于内化过程。内摄是一种身体冲动，它和饥饿与进食有关；同时，它被体验为将一些客体（可能是那些好的被爱客体）运输进身体，等同于运输进这个人本身的感觉。这是一种和世界关联的深度无意识方式，但它绝不会因为是无意识的而对个体没有影响。这些体验被称为无意识幻想。亚伯拉罕认为，这些过程——被感受为体验的冲动——是和精神病相关的基本过程，尽管他发现，这些过程也会出现在相当正常的人身上。

当然，这些幻想距离意识觉察还非常遥远——这些客体距离

意识觉察也非常遥远。事实上，心理机制和身体功能之间的紧密
联系也处在无意识深处。亚伯拉罕进一步指出："因此，病人这
种短暂症状就代表了一种挽留，即从躯体层面上挽留现在再次可
能失去的客体。"（Abraham，1924）亚伯拉罕继续谈道，当抑
郁者失去客体后，他会尝试将其复原：

> 在这个案例中，我的病人出现了上述短暂症状。它形成
> 于疾病暂时缓解的早期，但这还不是事情的结束。几天后，
> 他再次主动告诉我，他现在有了一个新症状，就好像这个症
> 状进驻了之前症状的鞋子里。当他在大街上散步时，他有了
> 一个强迫性幻想——想要吃掉马路上散落的粪便。这个幻想
> 其实表达的是他想要将爱的客体收回到身体中，这个爱的客
> 体之前被他以粪便的形式排出体外了。

> （Abraham，1924，p.444）

这一精神分析案例中的细节旨在展示出两个心理阶段——口
欲期和肛欲期——之间的互动，以及它们被感受为类似纳入（内
摄）和排出（投射）这种明确的身体过程。这一消化道模型不仅
是一个隐喻——在严重的精神病性抑郁案例中，它就会被体验为
真实的。一个身体中的物体、直肠中的物质，在躯体层面被移出
又被收回，这紧密对应了心理"物体"（客体）的丧失与重获。

小结

亚伯拉罕强调客体（重要他者）在一个人自体边界内外的运动，这是一个新的焦点。尽管他用精神分析师的本能能量释放幻想去平衡这些情感上的幻想，但这似乎确实开启了一个新趋势；之后，梅兰妮·克莱茵观察到她的儿童病人们排演出他们想象中的故事，这使她接受了亚伯拉罕提出的焦点。游戏本身就是一个投射过程——从玩具和玩具间的关系就可看到儿童所关注的内部关系模式。

亚伯拉罕展示了一个较为平衡的视角，即本能冲动表现为幻想体验，弗洛伊德则更为强调本能部分的概念化和能量的"经济学"使用。但是，如果我们强调另一面，即无意识中的想象故事，又会有怎样的结论呢？

第八章 体验与幻想

关键词

·无意识幻想　　　　　·自我边界

·客体关系理论　　　　·内部客体

在卡尔·亚伯拉罕的研究以及梅兰妮·克莱茵的后续展开中，"客体"已成为一个高度发展的概念。与客体关联的体验具有一种被驱动的确信感，这是因为它们产生自与生物冲动的联系。这种来自心理内部坚定不移的信念被称为"无意识幻想"。

亚伯拉罕认为本能冲动被体验为关系间的叙事，那么，克莱茵是如何使用这一观点的呢？

克莱茵并没有聚焦于本能的经济学理论，而是认为病人们的关注点在"世界上都发生了什么"的叙事上。叙事幻想集中在自体以及自体以外的事情上。区分两者的就是边界——自我边界。克莱茵认为，自我边界从人出生起就存在了。这一边界就是客体关系的决定性源头。自我天生就存在，并且有着一个边界，以此去接触那些非自体之事物。

弗洛伊德认为，自我代表的是我们觉知的能力——觉知世界、觉知自身的能力，这种能力来自感知觉器官。自我汇集了各类感觉输入，但其中也包含了所谓内部感觉器发来的信息——告知自己身体内部的感觉状态（如饥饿、温暖等）。这些内部感知觉同时指示出欲望（本能或驱力）的强度，以及得到满足或遭受挫败的可能性。

无意识幻想

弗洛伊德曾强调过一个无意识幻想——俄狄浦斯情结——的重要性。随着克莱茵展开和儿童以外的病人的工作，她也开始了一个新的探索。1934年年初，在她的一个人生重创来临之前，她记录了一些当时浮现的想法。那时，她已经开始和成人进行临床工作，也会追踪客体的运行轨迹。她在下面这个简短的例子中描述了这些内化的客体仍然会在心智中幸存下来（大约记录于1934年年初）。她的这些笔记并非为出版而写：

（病人）在工作中一直遭受着一种焦虑的阻碍，那就是如果他有个好想法的话,这个想法就会被他内部的敌人给夺走,而且这些敌人只会在这个想法有价值时才出手。所以,如果他有了个好想法,他的焦虑反而会增加。病人联想到他带着羊群爬山,与此同时,他要控制跟在后面的敌人。他需要持续控制局面,这样敌人才不会侵扰到羊群。到了山顶,如果他遇到敌人,他就可能摔下山来,但如果他遇到朋友,则可能获得帮助。

羊群代表了他的想法和工作上的压力,以及他感到的由此产生的焦虑和不耐烦。他表示,他没有足够的信心能让这些想法在他心里成熟,而是必须尽快让它们见到阳光。这一切都被他感觉为挣扎、重压和奴役。

(引自Hinshelwood,2006)

这些资料展示出,克莱茵认为一个人也可能将他的想法以一种"泛灵"(animistic)的方式去体验,就仿佛它们是宝贵的客体或敌人。这与克莱茵对儿童玩具游戏的理解非常相似,即保护客体安全,防御敌人入侵。

这种诠释治疗材料的有趣方式显示出了克莱茵的原则,那就是病人内部心智世界中也上演着一出戏,这就和外在世界可能会上演人生戏是一样的。

然而1934年4月,克莱茵的儿子汉斯在一次登山事故中丧生。这对她是一个重大打击,她也必须哀悼儿子的离去。就像她理论所描述的那样，她体验到的痛苦就如同经历了一场内部的摧毁性灾难。她挚爱的儿子去世，而这种经历带来的痛苦就仿佛他在她心里也死了一样。

弗洛伊德描述了在俄狄浦斯情结挫败感中升起的父母伴侣形象及其内部意义，这些无意识体验被感觉为具有确定性的。我们以能够让我们获得意义的方式感知，也真的相信其他人就是我们想的那样。我们的外部世界因为心灵内部的渊源而被渲染了某种色彩和意义。这就勾勒出两个世界间的互动，一个世界是内部（内在的或精神的）世界，它由各种关联着的客体建构而成；一个世界是外部的感知世界。两个世界彼此影响，尽管这些影响并非总是平稳和毫无偏差的。

近期一部喜剧电影《保罗》（2011）中有这样一幕。两位主人公想从露营地业主过度敏感的女儿露丝那里租用一块地方。后面我们得知，露丝早年被以严苛的方式养育，这抑制了她的发展，影响了她的自由感。这些人物间的一次简短对话就可以显现出露丝的内部世界。她注意到来客拿着英国护照，便顺口说了一句她很喜欢英国，又补充说她从未去过那里。其中一个主人公便说，她"应该去"（should go）[1]，露丝就以为自己再次遭到拒绝，顺从地离开了。他

---

[1] 在英文中，"you should go"既可以被理解为"你应该离开（这里）"（暗示"我们不希望你在这里了"），也可以被理解为"你应该去（那里）"（暗示"我们鼓励你追求自己的梦想"）。——译者注

们意识到发生了什么之后，向露丝解释说，他话的意思其实是鼓励露丝去参观伦敦；这样，他们帮助露丝重获好奇心，再次产生想要认识不同人、了解不同地方的愿望，也帮助她恢复了建立更积极关系的能力。

在这里我们可以看到，参观伦敦的邀请在露丝头脑中变成了拒绝、要求她离开。露丝将热情、慷慨的邀约体验为限制和控制（这类似儿童游戏中出现的抑制）。看起来，这种反应似乎折射出她严格、充满控制的家庭背景和她对此的个人体验。

来自过去的经历支配了个体对当下情境的解读。露丝内部携带的强有力的幻想由此展现出来，就好像她的周围世界真的如此——在她头脑中，这个世界是一个拒绝的世界，而不再是一个慷慨的世界，不再是它本来的样子。

这种看待世界的内部模板甚至对日常的行为、反应、人际关系都有深远影响，而克莱茵认为它们构成了心理体验。她以这种叙事角度看待心智行为。这种想象世界对真实的外部世界的超越被弗洛伊德称为"思维的全能性"（Freud，1909b，p. 235）。

克莱茵在使用其新方法观察和参与叙事游戏的过程中，更为关注她的孩子们和病人们的体验，这似乎再自然不过。新方法指向非常不同的现象——体验性现象。这和弗洛伊德聚焦于本能"能量"理论基础上所推导出的客观性决定因素不同。弗洛伊德对本能能量的注重来自他特定的学术背景——他早年曾在著名生理学家恩斯特·冯·布鲁克主持的实验室学习和工作。

小结

儿童精神分析的游戏技术也指引着克莱茵从特定的体验角度去思考和探索。她直接观察到儿童在表达焦虑时产生的叙事故事。她并非从心智器官的活动中进行推演。这进一步让她以一种隐蔽的方式重新建构了心智的本质及其组成部分。这种再建构自然也会引发挑战。

克莱茵通过游戏技术形成的对临床现象的特定视角似乎让她倾向于认为心智的基础是叙事而非能量。可以预料，这对精神分析的发展会产生深远影响。但是这些影响和后果会是什么呢？

第九章　你是谁？——自我边界

关键词

· 超我的结构　　　　· 作为自我边界的皮肤

· 原始机制　　　　　· 迫害性焦虑

· 好与坏　　　　　　· 内部客体

　　亚伯拉罕给本能冲动、精神能量和力比多发展阶段赋予
了叙事内容。克莱茵十分忠诚于亚伯拉罕的观点，因此她对
心智、心智组成部分以及两者间关系的理解会不可避免地开
始和弗洛伊德开启的经典精神分析流派产生分歧。在克莱茵
的模型中，正活跃着的关系处于心智活动的中心舞台，无论
这些关系是在现实中与他人展开的故事，还是由身体感觉体
验表征的幻想中的关系。

　　克莱茵是如何开始描述心智的呢？

我们在上一章中谈到的原始幻想就是无意识幻想，而它们是与生俱来的。它们在最早期是体验的大部分组成成分。随着不断的发展，自我也慢慢开始觉知到来自周围世界不认可的压力，因而必须开始评估何时有机会获得世界提供的满足，何时又需要抑制自己。自我完成这一任务的方式所依靠的就是它贮藏的无意识幻想。弗洛伊德认为，自我抛出自身的一部分来代表这些来自社会和家庭的标准以及达不成标准时潜在的惩罚（Freud，1914）——后来他将这一部分称为"超我"（Freud，1923）。超我的严苛程度和这些来自非现实的无意识幻想高度相关。

皮肤边界

从克莱茵所发展的客体关系心理学视角来看，自我由它和客体的体验组成，而这些客体首先存在于自我之外——即外部客体，例如母亲、父亲或那个时期的其他重要人物。你可能还记得弗洛伊德曾说自我是"对被抛弃客体贯注的沉淀物"（Freud，1923），不过他之后再也没提过这句神秘的评论。它究竟是什么意思呢？

如我们之前所见，被感知的客体不一定会稳定地待在自我边界的某一边。它们可能会从一边被拉到另外一边，然后又被拉回去；抑或根据自我维持其稳定与完整的需要，被限制在自我边界内，或者被扔到边界外——这样也就相当于维持住了这个人的身份同一性。弗洛伊德是这样阐述这一情境的：

> 若使用最古老的语言——口欲期本能冲动的语言——来描述的话，那么这个判断就是，"我想吃这个"或"我想把它吐出来"；或者更宽泛地说，就是"我想把这个纳入我的身体"或"我想把那个留在外面"。换言之，就是"这个东西要在我里面"或"这个东西要在我外面"。在其他地方我曾经展示过，最初以快乐为驱动的自我想要内摄一切好的到内部，驱逐一切坏的到外部。

（Freud，1925，p. 237）

弗洛伊德暗示，从很早期开始，自我的边界就必须被视为一种真实的体验。不过我们也必须看到，我们在此引用弗洛伊德的观点是为了强调这里的论点，这并不代表弗洛伊德对本能更为普遍的态度。但无论如何，他在这里说的都是，这种内部和外部传送背后的动机是想把好的东西留在自体内部，而自体正是由这些感到自己好、感到自己足够好的信念所组成的。正是这些早期过程形成了自我以及自体感；它指的就是我们相信自己是谁。判断功能对于评估两件事至关重要：（1）某个客体被感觉为好的还是坏的；（2）它在"我"的内部还是外部。

强调自我边界似乎和一件事吻合，即弗洛伊德发现皮肤的特定区域——口唇、肛门以及性器官周围——占据重要地位。它们之所以重要是因为它们是迫切冲动的发源地。这些部位便是性敏感带，位于身体的出入口。但从客体关系视角来看，普遍意义上的皮肤感觉都是重要的，因为它确定并且持续确定着边界的存在，它将个体对自体和对客体的体验结构化。

克莱茵认为她之后和成人的工作帮助她进一步精细化自我的一个面向，那就是自我能觉知到对其存在的威胁，这些威胁被感受为对自我边界完整性的威胁。在克莱茵后期的理论中，自我或者自我边界被摧毁，成为生命早期一种强烈的体验与恐惧——对自体幸存与否的迫害性焦虑。克莱茵认为，在所有动机中，第一驱动力便是对自我湮灭的恐惧。可以说，自我最先内摄的客体功能中至少有一部分是保护自我以及自我边界的存在和完整性。自我的存在被感觉为和内部好客体的存在直接相关。相对应的就是痛苦和被湮灭的感受。饥饿的体验或其他身体内部的不适被感觉为自体内部存在什么东西故意导致摧毁和湮灭。这就是"坏客体"，它从本质上就与"好客体"及自我的幸存对立。这些和湮灭、好（坏）客体以及内摄与投射的原始过程相关的无意识幻想就构成了偏执-分裂位置（position）①的特征。

这两种相互角逐的状态与本能冲动的满足和挫败相对应。两种体验（被好客体或被坏客体占据）的交互作用最终构成了自我。克莱茵和亚伯拉罕都认为，出生后所有的最初体验——挣扎着呼吸、用嘴进食、被搂抱或包裹的皮肤感觉——都伴随着相应

---

①　"position"也被译为"心位"。本书中多数使用"位置"这一译法。——译者注

的心智体验，尤其是皮肤感觉，它似乎强化了自我拥有一个边界的感受。

无意识的新面向

通过这些在理解精神病性过程的基础上产生的概念，克莱茵渐渐意识到，亚伯拉罕以及后来她本人都正在发掘出无意识的一个不同层面。这个层面和俄狄浦斯冲突无关。当神经症性冲突无法被管理时，人们处理的方法是将其压抑、贬黜到视线之外，但之后，这些冲突又会通过具有替代意义的象征（如梦、症状）和升华性活动（如体育、艺术）得以表达。除此之外，还有一些东西会扰动心智器官。这是些不同的过程，它们和压抑不同，它们被用来管理那些导致精神病的、性质完全不同的压力。自我尚无法管理的这些压力只能被以排空的方式处理——或如弗洛伊德所言，让心智驱逐这些体验，将其吐出。这一发现对精神分析发展产生了深远影响，并引发了对精神分析基本假设的质疑。

弗洛伊德认定无意识心灵是动力性的，而现在，无意识概念开始发生了一些微妙的变化：存在一个内部（精神）现实，它决定了体验、反应和关系的基调，而它由"原始机制"掌控。这样，内部世界便从关系意义——而非能量意义——上具有了动力性，这个内部世界也因此建立在与被感觉为在自体内部的他者或客体相关联的叙事之上。这些客体被称为内部客体，指向一个神秘的实体集合。它们之所以神秘，一个特别的原因就是它们是无意识的，无法轻易被拿来和真实的外部客体进行对比。

也许，当你参加考试时，你要记住：如果你想象由一个苛刻的、惯于批评的考官或教授来考核你，那么你在真实考试中的表现也可能受到影响。甚至在如性高潮这样的身体过程中，心灵上的想象也会对身体满足感的获取进程（或无法获取满足的进程）产生强烈影响。想象中的客体会产生显著的影响。

内部的好或坏

在有些情况中，一个支持性角色——例如一个善意的师长——留存在个体头脑中并持续给予鼓励。但在有些情形中，例如苛刻的考官存在于内心，导致个体无法形成一个以好的、鼓励性的内部客体为主导的平衡。这样，内部坏的感受逐渐累积。自我体验到一种来自内部的敌意，这损害了一个人对自己的感受，并会让这个人在应对内部、外部情境和人际关系时敏感且脆弱。

亚伯拉罕的研究证实了这一点，当然，他也进一步加工了弗洛伊德的发展心理学。在他逝世前一年，他写了一篇长论文，就这些理论问题进行了详细的探讨（Abraham，1924）。他着重展开了弗洛伊德关于力比多发展阶段的理论，并突出了攻击性在其中的地位。亚伯拉罕注意到，在每个发展阶段中，攻击性都有着重要意义。亚伯拉罕也部分地吸收了弗洛伊德对抑郁中异常攻击性的理解，这种异常的攻击性会导致复杂、矛盾的痛苦情感，进而扰乱恰当的哀悼。这一观点补充了克莱茵在开始儿童分析后所观察到的情况，即儿童强烈的焦虑会以恐惧自身攻击性的方式表达出来。在人类历史中，文学艺术作品里遍布着对这一理念隐藏的认识，例如奥斯卡·王尔德曾说：然而每个人都杀死他的所爱之物（《雷丁监狱之歌》）。

不仅是记忆——小人儿进驻内心

一些精神分析师抱怨说这一对攻击性的观点降低了俄狄浦斯情结以及因性心理而生的冲突和挫折的地位。自克莱茵转换其临床思想与立场以来，这一辩论至今仍在继续。但是，这并不是说克莱茵就将性心理排除在其理论建构之外了。克莱茵的理论的确更近距离地审视了攻击性——朝向外部以及朝向自体的攻击性——的本质与角色，它被感觉为爱和恨这两种感受之间或好客体与坏客体之间的相互作用。

正如弗洛伊德曾说过的，自我最初是身体自我。这意味着非常早期的心理客体被体验为身体状态、感受和活动。尽管这些客体是其他人或其他人的心灵，但与此同时，他们也可能被个体感觉为身体内部现实存在的具体客体。

克莱茵曾尝试阐述心理和躯体汇聚的心智层面。她提到过一个有着偏执和疑病症症状的男性病人（Klein，1935，p. 275），在对其进行了一段时间的精神分析后，她可以清楚地看出深藏在他持续的对他人的偏执性指控、抱怨和批评背后的，是他对母亲深厚的爱、对父母和他人深深的关切。

> 病人先是抱怨了不同的躯体症状，然后开始讨论他服用的药物——他一一细数他为他的胸部、喉咙、鼻子、耳朵、肠胃等都做了什么。这听起来似乎是他在悉心照料着他的这些身体部位和器官。之后，他谈论了对他照护的一些年轻人的担心（他是一名老师），以及对一些家人的顾虑。这就清楚了，他想要治愈的这些不同器官和他内部的兄弟姐妹认同了，而患者对这些内在客体感到内疚，并不得不努力延续其活着的状态。

> （Klein，1935，p. 275）

克莱茵所描述的是，在意识水平上，这个男人表现出对身体内部器官的担心，但另一方面也表现出对现实中外部人物（他的学生、亲人）的担心。克莱茵在两者之间建立了连接，并让我们看到在无意识水平上，这些在他内部的客体（他的器官）被感受为需要照料的小人儿。

一方面，这类累积的体验形成了我们有充分觉知的记忆。但是另一方面，在克莱茵所关注的"深层"中，存在着一个更加具有泛灵意义的内部世界，这正是弗洛伊德关于自我是"对被抛弃客体贯注（即情感投入）的沉淀物"这句神秘评论所描绘的。也就是说，对客体的贯注——指的就是对一个让人满足的客体的兴趣——一直在自我基本组成上留有痕迹。自我不仅仅是记忆的桑梓，自我由这些记忆建筑——它们并不仅是意象。这些客体被感觉在个体内部有着主动的意图性，并的确会影响到个体的心智状态；它们被感受为想帮助或想伤害的，想供养或想杀戮的。

小结

　　克莱茵采纳了亚伯拉罕的立场。但是，她并没有像亚伯拉罕那样一丝不苟地关注对力比多发展阶段的修正。亚伯拉罕则认为这一工作非常重要。事实上，克莱茵从未在她的任何著作中使用过诸如"精神能量"或"经济学模型"这样的术语。相反，她聚焦在亚伯拉罕所描述的本能冲动及其在心智体验中引发的叙事这个角度。这些叙事现在被称为无意识幻想，它们是"本能的心智表征"（见 Isaacs，1948；Klein et al.，1955）。这样，侧重点从能量模型转移到了基于客体关系的模型，这也为英国精神分析思想发展打开了更广泛的理论空间。这一新的领域最早是由梅兰妮·克莱茵及其同事如鲍尔比、巴林特、费尔贝恩和温尼科特等开拓出来的，他们都为客体关系理论架构做出了各自的贡献。

　　克莱茵意识到了一系列复杂的问题。如果我们聚焦于和客体的关系，那么我们和生物意义上的身体的关系又是怎样的呢？它和本能是一回事吗？它是遵循从躯体刺激到行为表达的单路径流动的吗？为了能和经典精神分析概念进行比照，克莱茵和她的同事们花费了很大力气为内部客体的生物性赋予更深的意义。

第十章　抑郁了？

关键词

· 抑郁位置　　　　　· 部分客体与完整客体

· 内化　　　　　　　· 矛盾情感（两价性情感）

到了1930年左右，克莱茵已经发展出对心灵内部世界的新认识。这也引发她对弗洛伊德的一些基本概念——无意识心灵以及幻想的地位、俄狄浦斯情结发生的时间、超我的发展，以及移情的本质——的重新思考。尽管这些发展非常重要，但到了1935年，她有了更为激进的想法，这突出表现在她提出的"抑郁位置"概念上。

那么，基于亚伯拉罕临床方法发展出的抑郁位置，其理论模型又是怎样的呢？

此时，梅兰妮·克莱茵的生命遭到了一次重大打击，那就是她年仅27岁的儿子汉斯于1934年的一次登山事故中丧生。现在，克莱茵需要完成一次真正严肃的哀悼了。不出意料地，她重温她对于抑郁的一切了解，这包括亚伯拉罕的工作以及弗洛伊德的《哀悼与抑郁》（1917）。与此同时，她对于自己的抑郁和丧失有着深刻的体验，并从和亚伯拉罕的分析中获益良多。

当时，克莱茵已经开始探索自我的组成部分以及其中的原始机制。她之所以研究亚伯拉罕的著作，研究投射和内摄的重要性，研究亚伯拉罕命名的"完整客体之爱"，可能在一定程度上是因为她要处理她10年前还在接受分析时，亚伯拉罕突如其来的逝世。现在，克莱茵再次因为个人原因，不得不返回哀悼这个主题。正如她一贯的方式，她全身心投入对哀悼动力的精神分析以及相关的躁郁障碍（今天被称为"双相情感障碍"）的研究中。儿子去世4个月后，即1934年8月，她在国际精神分析协会卢塞恩会议上报告了一篇论文，题为《躁狂-抑郁状态病源考》。这篇论文（后发表于1935年）在今天是对抑郁内部动力探讨的经典文章。和亚伯拉罕与弗洛伊德的观点一致，克莱茵认为抑郁和哀悼非常相近——两者中都包含了重大丧失的感受。克莱茵对哀悼的研究持续了一些年，之后她写成了第二篇论文，这篇论文常被人称为"抑郁位置"，但其真正的题目是《哀悼及其与躁狂-抑郁状态的关系》。这篇论文写成于1937年，但直到1940年才得以发表。

她的哀悼打断了她之前的研究兴趣，即对心智组成而非心智内容的探索。在她哀悼期间，借由她所处的困境，她开始重新思考死去儿子在她心灵中的位置和功能。之后，尽管她并没有直接提及自己所遭受的丧失，但她描述了心智的一个恢复功能，亦即心智尝试将丧失客体鲜活地保存于内部的过程。

正常的内化

弗洛伊德的超我理论其实是一个关于丧失的故事（Freud, 1923）。在正常情况下，超我形成于放弃爱的客体的过程。当一个孩子不得不放弃从性上占有父母——至少是异性父母——的俄狄浦斯幻想时，也就不得不开始某种哀悼。此时，放弃原初客体这一任务通过将父母内摄来完成。原初客体并没有完全被舍弃，而是成为心智中一个积极活跃的行为因子，指引成长中的孩子，规范他（她）的行为与态度。这一内部形象就是超我。

内部爱的客体的丧失

克莱茵在1934年呈报的论文只是在一定程度上追随了弗洛伊德的思想，她还在此基础上做出了重要补充。第一个补充就是，丧亲中的极端痛苦是对内部爱的客体丧失的反应。这就好比内部爱的客体，如她的爱子汉斯，之前生活在她内心，但随着现实中汉斯的死亡一同被摧毁了。因此，哀悼不仅仅是哀悼外部世界中爱的客体的丧失，哀悼者的内部世界也经历着翻天覆地的变化，因为此时（内部）爱的客体的离开，在其自体感上留下了一道鸿沟。这里并非说现实中的丧失客体被内摄到自体（自我）中，而是指已经在哀悼者内心的爱（的客体）现在丧失了。因此，克莱茵认为抑郁（如同哀悼）是丧失了这个内部客体以及随之而来的自体内部世界倾覆。自体耗竭，好的部分同时被质疑（见前面两章中对无意识幻想的讨论）。

完整客体问题

此前，克莱茵已经在她和儿童的工作中展示出，儿童挣扎于处理攻击性的糟糕后果。在他们的无意识幻想中，他们的愤怒损坏了东西或人，这进而导致他们产生内疚感。在他们的体验中，他们所伤害的是极为好的东西。可以说，小婴儿一开始体验到一个完美的母亲（之后在文献中被称为"好乳房"）来喂养他。这个好母亲被爱着，恰恰是因为她喂食并让婴儿产生了一种满足的好感受。一旦具安抚性质的奶水被吞咽并被感觉进入了内部，这个母亲也会被感受为存在于内部的、具善意的形象。当然，婴儿有时也会感到饥饿，而这是因为母亲还没有给他们喂奶。因此他们会体验到坏母亲（之后被称为"坏乳房"），也就是说，一个被恨着的母亲，而这个母亲之所以被恨着正是因为婴儿相信他的饥饿是由这个恨他的母亲造成的，她故意让婴儿感到饥饿。

　　这些只是对现实母亲的不完整感知。在生命初始阶段，婴儿很难将人——例如母亲——感知为既有好的部分也有坏的部分的完整的人。母亲要么是全好的（理想化的），要么就是全坏的（被贬低的、妖魔化的）。

　　可以想象有时候，当不能得到我们想要的东西、感到挫败时，我们其实很容易就认为周围的人相当不友好，甚至具有敌意。这种情况可能是我们感到饥饿，可能是我们不被允许去某个地方，也可能是我们发现喜欢的艺术家的音乐会门票都被卖光。请注意，它也和被排挤在外的体验有关（其他人拥有我们渴望的东西）——这种体验和前面提到的俄狄浦斯情境的早期经历有关。在这些情况中，一个人的内部世界处于一个恶意客体的淫威之下。

矛盾情感与完整客体的丧失

　　这是看待世界的一种相当原始的视角，也被假定为生命极早期出现的对世界的建构与理解，那个时候，人的感知觉还相当不可靠。之后，随着时间的推进，人的视觉能够注意到被认定的"坏母亲"其实同时是那个"好母亲"，那个在婴儿需要进食时并没有给婴儿喂食的母亲其实正在给奶瓶加热，或在喂奶之前扒拉几口饭，诸如此类。这里的发展就是，婴儿开始意识到一种感知下的母亲其实和另一种感知下的母亲是同一个人。但所发生的不仅仅是这种感知觉的整合，还发生了另一种整合。在情感层面，婴儿还需要整合对立的感受：不仅要整合好母亲和坏母亲，还要整合自体的不同面向——爱的情绪和恨的情绪。爱着的婴儿和恨着的婴儿是同一个自体。这就意味着，此前婴儿错误地恨着他爱的那个人。

　　因此，被爱着的那个母亲也是被恨着的那个母亲——那个让婴儿感受到极乐与满足的母亲也正是那个有时挫败婴儿、让婴儿极度愤恨的母亲。这就是克莱茵在她对抑郁和哀悼的研究中所发现的新架构——被爱的客体同时是被恨的客体。因恨而被攻击甚至被伤害的客体同时是那个被需要的、被爱的客体。这样，恨就可能导致一个人失去内心的平静。而这种丧失感就必须被处理，就像处理外部丧失一样。此时发生的是一种内部被支持的感受的丧失、一种不总是纠结于内疚的爱的丧失。

　　这样，也许坐在售票台后的那个人或者管理网站的那个人并非故意不让我们见到我们喜爱的艺术家、听到他或她的声音；也许在考试中，教授有正当理由不让我们及格或不给我们满分。这些曾经对我们有帮助的人看似消失了，也就是说，他们不再完美——他们因为有时让我们感到挫败而被"污染"或"玷污"了。这种对他者多面性本质的认知提供给我们"完整客体"的图像，它是各种特征的混合体，既有好的部分，也有坏的部分。这也是常常不受我们控制的外部现实的特点。这样，问题也就变成，我是否能够管理内部世界的平衡（也被称为精神平衡），让恨的程度不超过爱的程度，让恨不会在幻想中造成伤害。

小结

本章中我们详细讨论了"抑郁位置"。克莱茵采用了亚伯拉罕的"部分客体"概念，考察了对另一个人（客体）不完整感知——其好的部分和坏的部分——统合的过程。这就引入了矛盾情感这个重要议题，它指的是对同一个被需要的人既爱又恨的感受。与此同时，克莱茵严肃地接受了弗洛伊德对抑郁的观点，即抑郁和将外部客体内化为"内部客体"有关。因此，克莱茵的结论是，对自体内部某客体的矛盾情感会引发自体感本身的危机——特别是可能导致自我谴责与自我憎恨。弗洛伊德（1917）此前就指出，自我憎恨这一异常因素是抑郁的关键特点。随后，克莱茵的理论开启了英国精神分析学界内部旷日持久的辩论，包括如何理解内部客体的性质以及如何理解自体的体验。

这里的关键问题是，需要一个客体，然而该客体可能无法幸存——并且其幸存被想象和感受为主体的责任。客体现在被称为"完整客体"，它对应着亚伯拉罕"完整客体之爱"的概念。这个客体并不完美。事实上没有什么是绝对好或绝对坏的。这种两难情境从很早开始就需要被修通了。克莱茵将其命名为"抑郁位置"。之所以使用"抑郁"，是因为"好"客体也具有了挫败性，因而其完美性受到一定程度的"污染"而不复存在。爱的情绪被恨的元素蒙上了阴影。

克莱茵重新审视了弗洛伊德和亚伯拉罕就抑郁问题的论述，并进一步聚焦在对被需要但不完美客体的矛盾情感及其促发的焦虑上。有时候，该客体会被感知为千疮百孔而变得无法被忍受。那么，该如何应对这种情形呢？

第十一章 修复与照顾

关键词

- 抑郁性焦虑
- 内疚
- 升华

- 躁狂性否认
- 修复

抑郁性焦虑（抑郁位置的核心）这一术语被用来描述丧失之苦及矛盾情感之内疚，略显笨拙。克莱茵在描述这种心智状态时，转向了人们应对的方式，尤其是可以用来逃避丧失和矛盾情感体验的无意识防御机制。同时她认为，抑郁性焦虑可成为重要的潜在动机。这就仿佛某个被爱的人之前被攻击、被伤害甚至完全被丧失，现在至少可以在一个人的心灵（精神现实）中被重建一样。之后，这种修复活动就可能在作为替代的、外部世界的生活和关系中发生。这些代表失去或被伤害客体的他者在心智层面和在外部现实层面被照护

着。克莱茵称这一过程为"修复"。

本章中，我们首先提出这样的问题：这些回避性防御措施和修复方法是如何工作的？

丧失之痛是一种邃密的苦楚，为此，克莱茵最早使用了"苦离别"（pining）这个生动的词来描述。她刚刚经历丧失爱子的悲怆，因此在写论文时，她也一定投注了大量情感，甚至可以说，她完成的专业工作也是她个人哀悼工作的一部分。

一开始，人们通常以感觉麻木来应对丧亲之痛。伴随这种感受的是一种时时刻刻的期待，期待所爱之人就在隔壁房间或正从自己身边走过，似乎现实不可相信一般。当事人有时会突然一惊——几乎就是一种幻觉，仿佛所爱之人一下子"出现了"。梅兰妮·克莱茵认为这种准幻觉是内部世界影响的产物。无论外部现实是什么，当事人仍然将心灵内部所爱之人召唤出来。在极端丧亲哀伤案例中，所爱之人的内部现实覆盖在对外部现实的感知觉上，占据了一个人真实所能"见到"之事物，正如同一个梦其实代表了内部现实，但好像同外部现实一样。

这一用内部现实取代外部现实的方式显然是一种极端情况，但它和另一种极端情况异曲同工，那就是当有精神疾病或精神分裂症的人崩溃、出现幻觉时，他们的生活就仿佛由梦境组成的一般。但我们大多数人在意识层面都能够觉知到，真实世界并非我们现在所见。可能我们会告诉自己："我的大脑正在欺骗我。"

也就是说，我们大多数人都保留着这种检验、核实的正常功能，也知道丧失之痛正在卷土重来。伴随"看到"与外部现实矛盾的非现实（或看到一种内部精神现实）的是一个被称为"否认"的过程。这是对现实的否认，也是精神病性状态的标志。

躁狂–抑郁（双相情感）障碍

否认我们的真实情感、否认我们所处世界的真实状态是一种常见的逃避现实的方式——这也意味着逃避内部现实和外部丧失。就内在而言，我们体验到空洞感，有时也会因为有些存在之事物让我们感到挫败而返回到一种它不存在的感觉。之前我们曾提到，这是对于挫败性坏客体非常早期的感知。之后我们也会看到，这种反转其实是为了逃避内部现实及其耗竭。

克莱茵对于理解躁狂状态和抑郁状态有着同样的兴趣，而她认为否认是一个中心特征。在心灵的内部状态中，否认首先就是对丧失的否认——否认掉与所爱之人的关系。尤其可能出现一种自我说服的声音："他们受到伤害，他们死了，那又怎样，谁在乎？反正我不需要他们。"这是对依赖他人以及在外部世界对任何人有需要、有依赖的躁狂式否认。

处于躁狂全面发作中的人不会注意他人，也不会关注寻常的社会礼仪、金钱价值等。他们处在一种胜利的状态中；而事实上，就从感到对他人有依赖、有需要这点来看，他们确实胜利了，尽管实际上我们所有人都是对他人有依赖的。这种外在表达是对心灵需要强有力的支持性形象——那些在有需求、有压力时可以去依靠的爱我们的人——的一种外化。在上一章中我们看到，失去他们不只是外部现实层面的丧失，而且因为我们对所爱、所需要之人也产生了有攻击性、伤害性的无意识幻想，所以这也是内部现实中的丧失。

这种胜利的状态被称为"全能感"。一个人可以在不需要他人的情况下达成"任何事情"。这种状态中包含了一种被称为"理想化"的对自身的态度，即我们坚信我们自身就足够理想了。此外，那些可以支撑我们度过困难时期的内部好的东西，它们的丧失或损坏导致自我理想化。因此，我们可以说："它根本没有被损坏或根本没有死；它其实是完美的，并且由我来体现。"那幻象般的理想并没有丧失，而是成了我们。我们将自己等同于我们理想、完美客体的全能力量。这确实是一个胜利。

躁狂防御这一防御集合包含了"和矛盾情感紧密联系的全能感、否认和理想化"（Klein，1940）。这种状态的温和形式（轻躁狂）在日常生活中并不少见。例如，在学校运动会获得比赛胜利，在工作上获得晋升，等等。这些外部事件可以让某些人，甚或所有人在某些时刻感受到快乐和相对无辜的兴奋。但是，它们也的确和更为严重的情感（双相）障碍处在同一个连续体上。

在那些更为严重的状态中，会存在一种特定的内部不安全感。如克莱茵所言：

> 正常哀悼和异常哀悼及躁郁状态的根本区别在于：尽管躁郁病人和哀悼失败者所使用的防御相差甚远，但他们有一点相同，即他们都在童年早期无法建立起内部"好"客体，无法拥有内在安全感。

> （Klein，1940）

之前我们曾提到，对我们所有人而言，感到内部从本质上来说是好的这种能力可能会在困难时期有所动摇，这里的困难时期包括现实中经历的丧亲，而动摇来自对我们都知道我们拥有的坏的摧毁性感受的恐惧。朝向好事物的攻击性"侧露"（leak）是对我们内部稳定性的强有力威胁。

返回到偏执

在抑郁端，失败在于没有修通、克服矛盾性内疚的抑郁感受。一个人拒绝（或无法）在发展阶段上前进，或者他拒绝承认两个客体——提供喂养的母亲和造成挫败的母亲——是同一个人。这样，矛盾情感被避免了，但代价就是对现实的扭曲。

克莱茵在1935年描述抑郁位置时，将这个概念和"偏执位置"进行了对比。很早之前她就提到过偏执位置，只是没有这样命名而已。她指出偏执位置的特点就是好客体与坏客体的两极分化。

前文刚刚提及的理想化元素就指向这种两极化：需要好客体的支持和爱；憎恨、恐惧摧毁性的坏客体。

这种将客体简单划分为"完美的好"和"邪恶的坏"两种，与心灵内部上演的对好的、充满爱意客体的攻击这一焦虑幻想，亦即抑郁位置相去甚远。克莱茵发现这种（偏执性）对抑郁性焦虑的回避会表现为返回到非黑即白、非好即坏的状态，它也会在儿童游戏中以不同方式展现（Klein，1932）。例如，一个孩子，甚至常常是一个成人也可以持续感到生活欠他们的，因为他们的"坏"母亲从来就没有给予他们一个好的人生起点。这样，对母亲的感受（关心、悔恨、原谅等）就转变成了顾影自怜以及对矛盾情感和内疚的回避。这是在抑郁位置上除了躁狂防御外的另一种手段，它强调的是个体在外部世界所见的坏客体，因而也很容易证明委屈抱怨是合理的。这样，成为受害者的委屈就可以舒适地替代更为痛苦的感受，那就是为自己对所爱、所需要之人的攻击性负责。抱怨的就是世界和自己作对——想想之前提到的购买音乐会门票的例子。当事人声称他们被厄运侵扰，他们对此没有责任并要求赔偿。尽管这种言论相当耳熟，而且不可否认确实有些人的人生并不幸运，但它更贴切描述的是内部世界中的惨淡状态。对这些人来说，他们的内心世界充斥着自己不好的感受，同时他们需要某个人、某个好客体的帮助，去稳定和支持内在的自体感。这是在抑郁位置上的倒退，它撤回了伤害好客体的恐惧，返回到偏执位置，偏执地恳求帮助，以抵御摧毁内部世界所有惬意的坏客体。（本书下一部分对这种偏执有更多介绍。）

抗逆力、修复与升华

有一些人在抑郁中，在精神病性的双相情感障碍中崩溃，但也有一些人更具有韧性。那么这种抗逆力是什么？它的形式又是什么呢？

对抗抑郁性焦虑并非只有躁狂防御和退回到偏执性委屈两种方式。克莱茵认为还有另一种或许更为艰巨的前进方式。这种方式就是去面对伤害和丧失所带来的抑郁性焦虑。精神分析师使用"修通"这个术语来指代这一面对最糟糕情况的过程。这相当于在说："好吧，既然伤害和死亡已经发生了，那么我必须做些什么——无论有多么杯水车薪——来让事情回到正轨。"如果一个人在发展过程中采用了这一方式，那么抑郁性内疚可能演化为两种形式。朝向这个方向发展的最初形式就是坚信要对罪过和造成的伤害实施惩罚；而这条发展路线的尽头是努力做些什么让事情变好。这两者之间的区别就是《圣经》中提到的"一报还一报"和"救赎"。

为被伤害之人进行修复可发生在一个人的内部世界。这包含了要挣扎着重建一个人的内部感受；它意味着要尽可能准确地识别出和亲密的、被需要的人的关系中"好的"和"坏的"部分。用日常用语来讲，就是"知足常乐"（count your blessings）。但如果考虑到无意识水平，那么这话就说起来容易做起来难了。同样重要的包括在外在世界为他人（以及事物，例如地球和气候）所做的努力。那些接受照护和修复的、存在于外部世界的人是那些被认为受到伤害、承受痛苦或已经死去的内部客体的替代者。人们从事需要照顾他人的职业，包括精神分析，这就是一种以替代手段来修复那些他们认为他们伤害过的人的方式。它可能成为一个人持续的议题——例如，当一个人还是孩子时，他的父亲或母亲去世或得了重病。父母的疾病很可能成为他在心智层面存在的疾病，甚至可能带来一段显著的抑郁期。比如说，由于荷尔蒙变化和家庭结构变化，母亲们常常会在生完孩子后6周左右的时间内感到情绪不佳，但此时她相对年长些的孩子可能会对她的心境相当敏感，并感到需要帮助母亲重建她过去的自己。

这些叙事故事在外部世界上演，但它们来自无意识幻想的剧本。这种被驱动着的内部修复力量被感受为真真切切的力量，部分原因是这一情景确实可以在外部世界得到象征化。但内部幻想的要求不仅驱动个体和他人的现实关系与生活，还可以以另外的形式展现，那就是文学、戏剧、音乐以及其他普遍意义上的艺术。通过美学形式的表征来表现无意识幻想中的戏剧及其修通过程，这本身就是一种创造力形式。

的确，在抑郁性焦虑和修复渴望的推动下，人类被激励着从事创造性和照顾性的工作。但谈论到创造力的话，我们也可以看到，表征和象征体验本身就可以带来愉悦和享受。弗洛伊德称之为"升华"，认为它将本能能量从运动性宣泄转移到纯粹的智力活动上，这种转移之所以可能，是因为我们进化出了更大的脑容量。升华是一种游戏形式；它用一个事物来代替兴趣中的另一个事物。弗洛伊德认为，本能能量在被疏导到新的兴趣点上表现得相当灵活，因此它也是文明、文化、象征和美学的源泉。

克莱茵并没有以本能能量的视角来看待创造力，她认为创造力发轫于我们对所爱的重要客体的担忧，以及和他们渡过困难情境的需要。在她看来，替代是一种方式，它将对摧毁性攻击的恐惧转移到（1）不那么重要的人身上，以及（2）外在世界中的人身上，这样，这种恐惧就不再针对内部所爱着的、提供支持的客体了。

这样，困难处境就形成了两类创造性尝试：第一类是修复的需要；第二类是转向替代或升华。

小结

这种为了应对攻击性和内疚感的早期挣扎对于孩子以及不成熟的自体或自我来说是非常痛苦的，因此也很自然地会促使人们——甚至那些成熟的人——选择逃避冲突、内疚和焦虑。应对痛苦有不同的方式，包括逃避，但也包括更为成熟的通过"修复"所进行的修通。

克莱茵对于抑郁位置的阐述是一项重要的创新，然而它也是克莱茵本人人生逆境的一个产物。如果这种对哀悼和抑郁的重新审视不是如此悲剧性地被强加在克莱茵头上的话，她此时可能在研究些什么呢？大概十多年后，她确实回到了那个议题，而我们会在本书下一部分去思考她更为激进的作品。

第二部分总结

到1935年时，梅兰妮·克莱茵已经确立了自己的职业发展路径。在此时，她描述了"位置"（心位），如抑郁位置这样的概念。在抑郁位置中，我们试图尽可能以一种不留情面的方式领受他人好的和坏的方面，从而和他们联结。我们也看到，将他人当作完整客体来对待其实相当不易，这里的挣扎不仅是在能否准确感知上的挣扎，也是在我们对这些感知觉所做出反应上的挣扎。所谓挣扎，并不是说要去面质他人好的或坏的方面，而是去面对自己内心中朝向好与坏的冲动。这是每个人都无法逃避、必须应对的矛盾情感。

抑郁位置不同于某个力比多发展阶段。前者是一种心智状态，在这种心智状态下，自我以一种特定方式关联某个客体（既包括该客体在人心中的意象，也包括这个实际存在于外部世界的人），这一关联方式引发了一种特定焦虑和一系列特定防御。

在解释偏执位置（以及偏执–分裂位置）的发展之前，我们想先引用一段话来对比抑郁性恐惧和偏执性恐惧：

非常简单概括地说，一个处于抑郁位置的人会担忧他的客体——他所爱之人，担心他们遭受伤害，无论是在外部现实中还是在他的头脑中；而一个处于偏执-分裂位置的人会为自己感到焦虑，他担心自己的安全……这样，抑郁位置上的焦虑与内疚相关；而偏执-分裂位置上的焦虑是迫害性的。

（Roth，2001）

克莱茵认为，承受抑郁位置上的矛盾情感是每个人都要面对的基本人类困境；或者说，是几乎每个人——每个达到一定成熟度的人——都要去面对的。

从第二部分的章节中你可以看到，"抑郁"一词指的是对失去所爱之人或所爱之事物的恐惧，以及因为丧失而常常有的不切实际的责任感。抑郁位置则是一种态度，它全面考虑所能感知到的现实。事实上，这与弗洛伊德提出的"现实原则"的心智状态相对应（Freud，1911b）。抑郁位置不仅意味着将现实原则当作面对现实世界的主要原则，也意味着将它当作面对内心中翻滚的爱与攻击感受的原则。最重要的是，它意味着一个人尝试从不同方面去全面地了解另一个人，将他视为一个如自己一样的完整的个体。

因此，在谈到抑郁位置的时候，我们可以看到它是一个发展成就，并且在很大程度上由感知现实的能力所支撑，它帮助一个人超越简单化的，尤其是非黑即白的好坏二元对立的思维模式。

但心智的更早期过程会让人相当痛苦地挣扎于客体与自体的好与坏。正如这一部分所讨论的，这背后的原因是当自体（自我）在内部建立起客体是好的的感受后，自体（自我）本身也得到了放大。其结果便是对自身抱有一定程度的满意感，亦即自信的感受。这不仅来自只是为了客体而去稳定、保护内部好客体的需要，而且，对于自体的幸存也举足轻重。

所以，母亲或母亲的乳房之所以好，是因为她们填补了空洞洞的肚子，并给予那里一种好的感受，但被爱的体验中同时包含了感觉客体——母亲或乳房——想要给予好的感受。摄取到身体内部的不仅仅是物理意义上的奶水或食物，而且是母亲善意的爱和想要给予美好与生命的愿望。这种体验和奶水一同被吸收。婴儿现在不仅有着一个充满奶水的小肚皮，还有着一个充满幸福的小心灵。幸福就是婴儿感到自己内部现在也有了美好的事物。用技术术语来说，奶水成为心智中（以及肚皮中）的内部好客体，而自我认同了好的部分，感到自己洋溢着幸福与美好——就和奶水带来的体验一样。进一步看，如果内部好客体遭到损坏或被摧毁，那么向该客体认同的自体（自我）也一起遭到威胁或伤害，会存在一定程度的脆弱性（或感到脆弱）。

克莱茵在其理论描述中时常提及心理发展。这一方面来自她早期对儿童的兴趣，另一方面来自她刚刚入行时，精神分析内部出现的一些重要发展。当时，弗洛伊德也已经对儿童发展产生了兴趣，并将其持续的研究结果汇编成《性学三论》，而且不断修改并再版（在1905年至1924年间）。克莱茵对作为发展心理学的精神分析的特殊贡献就在于她对客体关系两种心位中焦虑的强调。当一个人成熟后，抑郁位置仍然会和更为原始的位置交替出现。有时一个人会更为关注所处世界的现实，但有时，他可能更加抑郁或更加偏执，远离了矛盾情感，更接近全好或全坏的简单化思维，之后又会从中恢复。在第三部分中，我们还会更进一步来探索这种心位间的转换。

进一步阅读建议

Abraham, K. (1924) Short study of the development of the libido. In Abraham, K. (1927) *Selected Papers on Psychoanalysis*. London: Hogarth.

Isaacs, S. (1948) *The nature and function of phantasy*. International Journal of Psychoanalysis 29: 73–97.

Segal, H. (1973) *Introduction to the work of Melanie Klein*. London: Hogarth.

Hinshelwood, R. D. (1991) *A Dictionary of Kleinian Thought*. London: Free Association Books.

Hinshelwood, R. D. (1994) *Clinical Klein*. London: Free Association

Books.

Bronstein, C. (ed.) (2001) *Kleinian Theory: A Contemporary Perspective*. London: Whurr.

Spillius, E. B. et al. (2011) *The New Dictionary of Kleinian Thought*. London: Routledge.

第三部分

你能变得多疯？

上一章我们提到了克莱茵在1935年发表的论文，在那之后，她的观点就开始受到批评。当时人们的批评主要是因为"内部客体"这个概念（相对应于简单的记忆中的表征）较难理解。但是，有一些人选择不认可而非澄清。其中一个最令克莱茵心碎的不同意见者就是她的亲生女儿、她最大的孩子梅丽塔·施密德伯格。这一灾难带来的冲击虽然不及克莱茵儿子汉斯的死亡，但梅丽塔的"叛变"代表了分析师们内部的心意转变。梅丽塔得到了她当时的分析师爱德华·克劳福——英国精神分析协会中一位最资深的成员——的支持。随着1938年弗洛伊德一家搬迁至伦敦，这些批评的声音越发响亮起来。当时，弗洛伊德一家为了逃离纳粹占领的奥地利而举家来到伦敦。此前，安娜·弗洛伊德在近十年中都就儿童分析的恰当方法和克莱茵存在争论。

最终在1943至1944年的18个月中，英国精神分析协会举办了一系列正式辩论，克莱茵学派也被要求证明其观点的合理性——一些人认为他们属于"异端"。这一系列辩论就是著名的"争议性辩论"，也是精神分析思想史上少有的几次不同学派间真正进行严肃讨论的时刻。争议性辩论廓清了许多不同意见，但并没有达成任何和解（King & Steiner，1991）。

所以，尽管克莱茵失去了大量拥护者，但她并没有因此却步。相反，她走出学术混战的荫翳，在1946年发表论文引入了一个新概念。这篇论文深入探究了她所说的精神分裂样机制，这样就出现了一个和"抑郁位置"并列的新概念——"偏执−分裂位置"。或者更准确地说，在婴儿早期发展过程中，偏执−分裂位置先于抑郁位置并引入抑郁位置。

这样，她和一些关系紧密的学生（特别是赫伯特·罗森菲尔德、汉娜·西格尔和威尔弗雷德·比昂）形成了一个密切合作的团体，以共同探讨克莱茵对精神分裂样机制的建构如何能够揭示出精神分裂症或其他精神病状态的心理动力。这一工作一直持续到她逝世（1960年）。在和同事、学生合作的过程中，克莱茵还做了另一个重要的原创性（但也引发争议的）贡献。1957年，她提出了"嫉羡"概念，但是这个概念并没有为她赢回她之前的支持者。

克莱茵每提出一个新发现都会引发争议和辩论。嫉羡概念也不例外。在争议性辩论和她的精神分裂样机制论文发表后（Klein，1946），她的"团体"被缩减为一小批同事和一些学生。因此，不可避免地，这个团体由于外界不断批评的压力也变得越来越不闻不问身外事。只有到了20世纪90年代，克莱茵思想的原创性才开始在世界范围内引发真正的兴趣。由于本书是一本介绍性读物，因此不会涉及对克莱茵思想批评的细枝末节。在第三部分中，我们将主要关注克莱茵自20世纪40年代到60年代期间对精神分裂样机制的阐述。

关于"位置"术语的注释

克莱茵描述了"位置"，而弗洛伊德提出了力比多发展的不同阶段——口欲期、肛欲期、性器期等。克莱茵使用"位置"一词来指代一个焦虑、防御和客体关系的情结丛。位置的概念之所以重要，是因为克莱茵认为我们都会因此时此地的感受而在两种看待世界、客体和自身的位置上不断转换。在我们的一生中，这两种心智状态都会以微小的方式往返切换。你可能还记得在第二部分总结中我们提到了偏执-分裂位置和抑郁位置之间的区别：在抑郁位置上，人们担心自己伤害他人、伤害（外部现实和内部世界中的）所爱之人；而在偏执-分裂位置上，焦虑是关于自身及其幸存的。这样，内疚构成了抑郁位置的特征，而被迫害感是偏执-分裂位置的特征。和弗洛伊德提出的经典发展阶段理论不同（见第二章），克莱茵的位置理论认为两种位置间的转换也会出现在正常人格中，但弗洛伊德的力比多阶段理论则认为返回到前一个阶段通常是不健康的。

成熟

　　但是，两个位置都有从不成熟到成熟的发展。偏执–分裂位置不成熟的一端是极度的两极化，相对柔和一些的方式就是比非要争得鱼死网破更能耐受对立的状态。就如同我们会说，我们同意各自保留不同意见；或者是达到一种常见于体育运动中的良性竞争方式。当然，这并不是说支持某一支足球队总是温和的，因为有时候球迷们会因为制造出了更多对另一方的恐惧而退回到战役般的殴斗中。之前我们也看到，抑郁位置也会有成熟性的演变。早期的内疚总是更具有惩罚性的，至少个体是如此感受的。到了更为成熟的时刻，内疚会引发一种想要让事情变好、想要救赎的冲动。在人的一生中，这些内疚和迫害的不同状态倾向于不断发展，但也时常会往返摆荡。

第十二章 自我分裂——是什么让心智失衡？

关键词

- 自我分裂
- 投射性认同
- 压抑与分裂
- 情感抗逆力或情感韧性

到了1938年，由于维也纳和伦敦之间的地理距离所提供的缓冲不复存在，克莱茵和安娜·弗洛伊德间的争议也变得更为白热化。虽然人们对克莱茵工作的批评常常是具有建设性的，但事实并非总是如此。而且的确，当克莱茵追随亚伯拉罕的脚步继续发展她对精神分裂样机制的兴趣时，这些批评也开始显得重复、多余。似乎克莱茵所处的争议性位置更进一步地推动她坚定地深入临床探索。如我们之前所见，抑郁位置的议题引入了自体感和自体价值的问题。

那么，她将如何构建这些和协调一致的身份同一性相关的问题呢？

　　并非所有人都会遭受抑郁之苦，尽管我们每个人都会在某些时刻感到心情低落。有一些人对于人生经历有着更多的抗逆力。一次丧失在心灵中激荡起可能会失去内部好客体的体验。也就是说，自我感到自己被内化的"好"所丰盛和滋养。如果现在，个体有风险失去这些"好"，那么其整个自体感、自体存在感都被撼动了。大多数人能够重新恢复生命力和稳定感并继续生活。但有些人更为脆弱，他们受到的打击更大。随着这些（创伤性的）经历的累积，好感受带来的平衡愈发岌岌可危，而个体对丧失的易感性也就愈发强烈。对这些人来说，他们内部所爱的客体被巨大的湮灭感所威胁，他们的内部状态就仿佛充斥着坏东西，充斥着想要伤害自体的那些客体。

　　梅兰妮·克莱茵认为，这些重要的内部过程是严重心境障碍的基础；而相对应地，如果累积的是满足的内部状态，那么个体会对这些疾病更有抵抗力。但是，具体到某个人身上，他究竟会往哪个方向走——是朝向脆弱敏感，还是朝向坚忍不拔呢？什么是其中的决定性因素呢？

心智的完整性

　　克莱茵逐渐认识到，在生命极早期，大概在婴儿3至6个月、抑郁位置刚刚开始萌芽的时候，婴儿就应该已经发展出两种潜在性中的一种了——或是一种相对稳定的、好客体存在于内部的感受，或是一种极易被震散的倾向。之后，克莱茵开始着手去理解背后的促发因素。作为抑郁易感性前兆的自体和身份同一性的紊乱就成为克莱茵重点探索的领域。而且，克莱茵在投射和内摄机制的基础上添加了另外两个机制。一个是被她称为"自我分裂"的过程，它和自体稳定感有着至关重要的联系。自从弗洛伊德在文章中描述"自我分裂"后（见《性癖好》，1927），越来越多的人开始讨论这种形式的分裂（见下文）。另一个机制被克莱茵认定为属于广泛意义上的"认同"，她将这种形式的认同命名为"投射性认同"。一个能够清楚看到这些问题呈现的地方就是最严重的精神健康问题——精神分裂症。

这一观点就和经典精神分析的观点有所不同。在经典精神分析视角下，个体最基本的应对手段就是压抑。这种回避自我认识的方式，通过将体验贬黜到心灵的无意识领域来达成，与此同时，它可能会编造一个合理化的理由来说服意识，伪装成一种"其实都是人之常情"的表象。一个学生可能在意识层面会说服自己，他知道的已经足够多了，没有必要再去复习了；但一丝来自无意识的线索就可能表现为，当他在去往某地旅行的火车上时，他随手拿起一本参考书漫不经心地翻看。他有一些觉知，他知道也许自己复习得还不够。

分裂出的自我功能

克莱茵长期以来都在研究压抑之外的应对方式,她逐渐认识到,心智能够有比压抑更极端的分裂方式(Klein, 1946)。在极端方式中,体验、冲突和焦虑一并消失,也不会有在压抑机制中常见的替代物作为弥补。当心智分裂时,它一部分的功能也似乎消失了,就好像留下了一块空白。例如:

> 一个6岁男孩,他父母在3个月前分手了。最近当他见父亲的时候,他就在角落里三心二意地玩一个无精打采的娃娃,就仿佛他只有3岁大。无论食物有多么诱人,他都拒绝进食。到了离开的时间,他无力地让父亲给他一个充满爱意的拥抱,他没有任何回应,任由自己被带走,被送回母亲身边。

> 后来得知,几天前,一位社工曾去家访他的母亲,母亲则当着孩子的面,激动地讲述了父亲的种种邪恶事迹。

这也许并不奇怪。他之前看望父亲的时候,态度相当友好,会和他一起积极主动地做各种事情。可以说,在这次见面时,这个男孩无法处理关于不同版本父亲的矛盾——要么他就是那个愿意和孩子一起活动的、充满爱意的男人,要么他就是那个对母亲表现得如此糟糕的邪恶男人。他怎么才能面对这种冲突呢?在这个例子中,他并不能面对——而他自己和父亲的关系也被抹除了，这让他的心智状态变得更为简单。现在，他就只是他母亲的孩子了，他爱的能力、和父亲在一起的能力也以一种极端的方式消失了。

在这个案例中，一个无法被解决的冲突，现在被以简单抹除冲突一端的方式处理了。男孩自体的一部分听懂了母亲对父亲的评论，于是以清除掉和父亲的所有情感联结的方式来处理——这部分被分裂掉了。此时，唐纳德·梅尔泽一语中的：

> 心智可以不是统一的，它可以分裂自己，将自身分割成不同部分，然后让每个不同部分（单独）去和他人以及外部世界产生关联。从这个意义上讲，一个人可以同时过着许多种不同的人生。

> （Meltzer，1981）

这个小男孩分裂了自己的心智，这样他就失去了可以感受到爱和生命的那个部分，变得如同他的娃娃那般垂头丧气。他失去了心智的那部分功能，虽然可能只是暂时的。回到家中，他和他母亲过的又是另外一种生活。

很早之前人们就认识到，在群体中，个体会暂时悬置他的某些心智功能。常见的情况就是，在一大群人中——从要处人以私刑的暴民到足球队观众——个体会暂且失去自体道德的部分。布福德（1991）曾描述过，在群体中，个体体验的释放感是如何令人兴奋的——"……人数增多，法律消失"（Buford，

1991，p. 64）。在这类群体中，很多犯罪甚至杀人的个体换到其他场合中本是普普通通的守法公民。但当他们进入群体后，他们就失去了道德良知，就如同酒鬼喝了酒之后立刻可以撒酒疯（事实上，这两群人之间通常彼此有重合）。

为何自我会分裂?

在20世纪40年代，并非只有克莱茵一个人对自我的完整性以及它可能如何瓦解感兴趣。事实上，自我越发被认为是人格中脆弱的部分。例如，其他一些精神分析流派会考察自我的一些特定弱点。经典精神分析学派的分析师们开始认为，自我被两个方向的力量拉扯。自我是人格的执行者，一方面，它要考虑本我的需要并满足这些需要，另一方面，它又要确保本我需要的满足符合社会规范和限制，这是来自超我的要求。这样，自我就需要极高的才华来达成必要的结果——在不违背社会礼节的前提下满足需要。

还有其他关于自我的观点。例如英国精神分析家爱德华·克劳福认为，自我起源自不同的、单独的部分，即一些独立的自我核心；每一个核心都围绕着某种特定的感知通道形成，例如视觉、听觉、触觉等。只有到了后面，这些核心才会黏合到一起。克劳福因此认为，婴儿最初并不能分辨出喂奶的母亲和给婴儿唱摇篮曲的母亲其实是同一个人。那么之后出现的脆弱、虚亏和瓦解其实都是退行到这种零散自我核心的原始状态。另一位英国精神分析家唐纳德·温尼科特也推测，自我很容易因为一个挫败的客体关系及其要求而被动地崩解，亦即退行到早期脆弱的状态，在这个时期，周围环境必须为婴儿负责，确保婴儿的自我恰当地被抱持在一起。在生命早期，人的自我还十分柔弱，难以完全抵御各种外界压力，因此很容易在压力下崩溃。

但克莱茵本人并不同意这些自我被动分裂的理论，她探究了一个假说，那就是自我积极主动地分裂自身。自我之所以会这样做，是因为当遇到困难和压力时，自我缺乏更好的资源来应对其所面临的情况。作为回应，自我将一部分攻击性转向自身，将自身分割为两个或更多部分——在精神分裂症状态中，分裂为更多部分（因此会有"精神分裂症"这个术语，它指的就是心智的分裂）。也就是说，克莱茵提出了一个自我积极分裂自身的理论，其背后的机制是攻击性转向自身。接下来，我们来看几个例子。第一个例子是克莱茵的一位女性病人。

> 我想到的这位病人有着明显的躁狂-抑郁问题（而且不止一位精神科医生诊断她为躁郁症），并且能在她身上见到这类障碍的所有特征：抑郁和躁狂状态反复、强烈的自杀倾向导致多次自杀尝试，还有其他躁狂和抑郁的特征。在接受分析的过程中，她到达了这样一个明显好转的阶段：躁郁周期不再那么明显，但其人格和客体关系方面却发生了根本性的变化。她生活各方各面的效率都有所提高，而且她开始能体验真正意义上的快乐感觉（不是躁狂状态中的欣快）。之

后，由于一些外在情况的变化，分析进入了下一个阶段。这个阶段持续了几个月时间，期间，病人以一种特殊的方式配合分析。她会按时来，相当自由地进行联想，报告可用来分析的梦和其他材料。但她对我的诠释没有任何情感反应，甚至相当蔑视它们……她在这个阶段中呈现出的强烈阻抗似乎只是来自她人格中的一部分，与此同时，她的另一部分则对分析工作有所回应。也就是说，不只是她人格中某些部分不和我合作，而且这些部分彼此之间也不能合作，故而当时分析无法帮助病人取得整合。在这个阶段，病人决定结束分析，而外在条件也在很大程度上促成了这个决定，于是她定了一个结束日期，尽管我一再警告她有复发的风险。

到了那天，病人汇报了下面这个梦：一个眼盲的男人非常担心自己这种什么也看不见的状态；但他似乎可以通过触碰病人的裙子——发现裙子如何系上——来安慰自己。梦中的裙子让病人想到她有一条连衣裙，扣子一直要系到喉咙那里。病人还提供了另外两个关于梦的联想。

病人略带阻抗地说，那个盲人就是她自己。而提到那条扣子要系到喉咙的裙子时，病人说她需要再次"藏匿"了。我对病人说，她在梦中无意识表达出她看不到自己得病的事实，而她就分析和生活中其他一些方面所做的决策并不符合她无意识的知识……因此，这一无意识洞察以及在意识水平上一定程度对分析的配合（认识到她就是那个盲人以及她开始"藏匿"了），只是来自她人格中某些孤立的部分而已。事实上，对于梦的解释并没有产生任何效果，也没有改变病人要在那个小时结束治疗的决定。

（Klein，1946）

例如，在有些小节中，病人明显非常抑郁，充满了自我谴责、无价值感。她的泪水不断地流下来，表情也透露着绝望。然而她说，当我诠释这些情绪时，她完全感受不到它们。

（Klein，1957）

这些都是自我分裂的症状，只是还没有严重到导致精神分裂症的程度。

在第二个案例中，病人自体的一部分似乎消失了。他前一刻还在与之挣扎的情绪，下一刻就没有了。这些情绪怎么了？它们去哪儿了？

我想到的这次治疗小节一开始，病人告诉我他感到焦虑，但又不知道为何焦虑。接着他拿自己对比那些比他更成功、更幸运的人。这些表达也提到了我。非常强烈的挫败感、嫉羡和委屈进入前景。当我诠释说——在此我就概述一下这些诠释的中心思想——这些感受指向的是分析师、他想要摧毁我时，病人的心境立刻改变了。他的声音变得单调，他用一种缓慢、无情绪的方式说，他感到和整个情境都脱离了关系。他还补充说，我的诠释听起来是正确的，但这都不重要了。事实上，他不再有任何愿望，认为没有什么事是值得费心的。

我接下来的诠释聚焦在这一心境改变的原因上。我提出，在我诠释的那一刻，摧毁我的危险就变得非常真实，而其直接后果就是他恐惧失去我。病人并没有像在某些分析阶段中表现的那样，在这类诠释后会感到内疚和抑郁，他现在尝试通过一种特定的分裂方式来应对这些危险。我们知道，当处于矛盾情感、冲突和内疚压力下时，病人常常分裂分析师的形象；这样，分析师有时可能被爱着，有时则可能被恨着。或者和分析师的关系被分裂，分析师仍然是那个好的（或坏的）形象，而由其他什么人充当相反的那个形象。但这不是在这个特定例子中出现的分裂类型。病人分裂掉了他自己的一些部分，也就是说，分裂掉了他感到他自我中对分析师有威胁、有敌意的部分。他把针对客体的摧毁性冲动转向了自我，其结果就是他自我的某些部分暂时地不复存在了。在无意识幻想中，这相当于人格中的某些部分被湮灭。这种把摧毁性冲动指向自身人格某部分的机制以及其后出现的情绪消散，让病人的焦虑保持在一种潜隐状态。

我对这些过程的诠释再一次起到了改变病人心境的效果。他变得激动起来，说他感觉想哭，感到抑郁，但同时感觉更整合了；接着他说感到了一种饥饿感。

（Klein，1946）

克莱茵将这些精神分裂样机制归属到一个新的层级，或者更准确地说，一个"更深的层级"中。这个层级比使用压抑这种防御机制的神经症层级还要深。这个更深层级中的焦虑也和神经症性焦虑不同，它关乎自体或自我的命运。在神经症水平，焦虑关乎的是一个冲突，这是一个相对稳定的自我可以很好抱持住的感受。

这种"地质结构说"遭到很多质疑，偏向经典精神分析学派的分析师坚持认为神经症或压抑层级中描述的现象已经足够，无须再假设一个更深的层级。简单地说，克莱茵学派分析师强调这一更深层级中的分裂，而经典精神分析学派分析师关注压抑。这两个概念几乎可以用来识别不同流派了。但糟糕的是，并没有出现什么非常严肃的比较研究来确定经典精神分析中的压抑和克莱茵学派坚持的自我分裂是否是同一件事——现在它们还只是意见不同学派所使用的不同术语而已。

分裂的是什么？

事实上，我们的确可以去质疑克莱茵对自我分裂的描述。在第一个例子中，那位女性病人似乎在无意识中知道诠释是有效的，但是在意识上却停止了她的分析，这可以被认为是将一些洞察压抑到无意识中的例子。为何克莱茵需要强调分裂机制这个新概念呢？也许是因为克莱茵虽然开启了新发现，但没有充分地证明它。

克莱茵确实也简单对比过压抑和分裂：

下面这个梦展现出在整合过程中，体现了由抑郁的痛苦感受所带来的起伏波动：病人在楼上的公寓里，他一个朋友的朋友X在街上喊他，提出一起散步。病人没有和X去散步，因为公寓里的一只黑狗可能会跑出去被车撞了。他抚摸了狗。等他再望向窗外时，他发现X已经"消退"了。

他对公寓的一些联想与我的一些联想产生了联结，黑狗则对应了我的黑猫，病人会用"她"来称呼我的猫。病人对X一直没好印象，之前两人还是同学。病人形容X"油腔滑调、虚伪造作"，还说他经常借钱（尽管之后还是会还的），而且借钱时的语气态度就好像他完全有权利要求别人帮他一样。但是，X在工作上则表现得相当出色。

病人意识到这个"朋友的朋友"其实是他自己的一个面向。我诠释的大意是，病人慢慢开始觉察到他人格中令人不愉快、甚至让人恐惧的部分；狗-猫——也就是分析师——面临的危险是，她可能会被X撞了（即被伤害）。X邀请病人一起散步，这象征着进一步走向整合。在这个阶段，梦中出现了一个希望的时刻，那就是病人联想到X尽管有种种

缺点，但他在自己的职业上还是很优秀的。这个梦也表现出
病人这段时期的另一个特征，即和他之前提供材料中的内容
不同，他在梦中开始触碰的这部分自己并没有那么具有摧毁
性、那么嫉羡。

　　病人对狗-猫安全的担心体现出他想要保护分析师免受
自己敌意和贪婪倾向的伤害，而敌意和贪婪这部分则由X代
表了。这暂时造成已经部分愈合的分裂再次变得严重。但是
当X——即他拒绝自己的部分——"消退"时，X并没有完
全消失，整合的过程只是暂时被干扰了。病人当时的心情主
要是抑郁；对分析师的内疚以及想保有分析师的愿望占了上
风。在这个背景中，病人感到分析师必须被保护起来，不能
被自己压抑的贪婪和摧毁性冲动所伤害，这导致了病人对整
合的恐惧。我非常确信病人仍然分裂出自己人格的一部分，
但对贪婪和摧毁性冲动的压抑则更为突出了。因此，诠释必
须同时处理分裂和压抑。

（Klein，1957）

　　区分压抑和分裂的关键在于，在压抑中会出现一个替代性的
形象，例如梦中"朋友的朋友"的形象其实就是病人自己的具有
攻击性的、可能会危及分析师的一面。但是分裂不同。分裂中没
有替代发生；在分裂中，只是自己的一部分消失了。在梦中，消
失的部分由渐渐"消退"的X来表示，他的这部分距离自己越来
越远。

用替代形成(substitute formation)压抑(常常由梦境表现)和分裂心智中一个紊乱的功能,两者间的区别可见于如下更为正式的比较研究中(Hinshelwood,2008)。

在我们接下来要提到的治疗小节的前一节中,病人在结束时对分析师给出的一个诠释很不满。分析师提出,病人在和他(分析师)的关系中体验到的持久"悲屈"(miserableness)其实有一部分是病人主动培养的。

她在小节开始时说,昨天她离开后,目睹到一个女人愤怒地和一个男人争执。那个女人推着一辆婴儿车,里面坐着个很小的孩子。病人描述了她在街上旁观这一幕的感受。她感到烦乱,不知道自己该做什么。那两个人看起来马上就要扭打起来了。

我记起昨天小节结束时,她对我相当生气。我说,我认为她之所以和我谈我住宅外大街上激烈的争执,是因为这是一种应对她对我敌意感受的方式。她在昨天小节结束后,将这种感受挪到了外面的大街上。她当时对我的态度很友好,这说明痛苦的感受、对我敌意的反应都一并被排除到意识心灵之外,很可能这个过程完成得相当快。而且的确,她似乎难以回想起她在昨天小节结束时不同意我说法的反应。病人犹豫地说:"嗯,你说的是悲屈感。"之后她以其特有的方式安静地沉思起来。

　　到目前为止，她呈现出一段敌意关系，但将它放置在大街上——虽然不太远，但是她指出，这和她无关。在这里，她继续表征敌意感受，但她将距离拉远了些，这暗示出这是一种替代性表征。因为机缘巧合，病人昨天离开后看到的一幕让她压抑了对我的感受，但现在，这些感受以一种略带超然的方式呈现。我认为我的诠释是合理的，对她也有帮助，并识别出她昨天以及今天回来后所体验到的困难。如果情况的确如此的话，那我们看到的就是病人正在操作着一个"压抑"（对我的愤怒并非在意识层面），她使用了一个便利的"替代"（两个和她毫不相干的人之间的争执）。

（Hinshelwood，2008）

　　病人之后思考的态度以及回忆愤怒的尝试显示出我们所说的"对诠释的回应"。病人的反应足够明显，可以说就是认可了这个诠释触碰到了她内心的状态，她内心的感受就和描述的情景类似。换言之，她沉思的状态谨慎地透露出一些痛苦但很真实的洞察。

　　我接着说，我认为她此刻挣扎着回忆昨天小节结束时的情景，但这非常困难，是因为她不敢冒险让她昨天对我感受到的敌意再次于今天出现。

　　作为对这个诠释的回应，她在一分钟左右的时间内一直保持安静，一动不动，然后将手放到眉头上，显得迷惑不解。之后她无奈地叹口气，说："那就是一个雷区。"这确认了她一方面的确感到有些困难，但另一方面，似乎她也感到我在逼迫她回忆起她的攻击性。我不是很确定她这个回答的意思。她一直安静地待着，并没有解释。于是我问："你感到什么是一个雷区？"又是几分钟的沉默，之后她嘟囔道："我把它都切碎了，所以我不知道你在说什么。它都被切碎了。"

（Hinshelwood，2008）

我们之所以选择上述临床材料是因为它相当贴近前面提到的梅兰妮·克莱茵的临床案例。在克莱茵的例子中，当她诠释了病人对分析师坏的感受后，这位男性病人出现了空白，挫败感、嫉羡、委屈统统消失了。在我的例子中，病人一开始只使用压抑一种方式。大街上一对男女的争执是一个可以替代她自身坏感受的图像。但之后，她又使用了另一种方式。她销毁了自己的感受，与此同时，她湮灭了自我的一部分，这一部分可以识别出她的内心以及她内心的想法。此时不再有什么替代性念头来代表消失的东西，她仅有一种有些东西离开的感觉。这是一个完全不同种类的"表征"：首先通过某个替代物来表征某些"坏"的内容，但之后只留下一个切断她心智的过程的表征。

这里的证据说明，分裂是一种不同的机制，不应该被和压抑混淆。它似乎也证实，存在一个基于冲突、以压抑为主要防御方式来应对焦虑的神经症层级，也存在另一个克莱茵所说的"更深的层级"。这个更深层级的焦虑关乎自体或自我的湮灭，并由一些诸如分裂这样的原始机制所保护着。

当然，焦虑导致的后果不仅是动用像压抑或分裂这样的防御。另一种不那么逃避的过程也可能出现，那就是弗洛伊德所说的"修通"。此时，焦虑不再被防御和回避，而是被直接面对。修通是一个成熟的过程，也是精神分析治疗的目标。修通的结果是洞察，是在意识层面识别出之前回避的那些焦虑。尽管这些焦虑看起来是无法被管理的（因而也是不可知的），但精神分析师面质它们的能力也会为病人提供新的勇气去面对他自身的焦虑，去有意识地修通它们，以一个独立个体的姿态去管理自身。

小结

克莱茵偏执–分裂位置理论的核心是分裂这一防御机制。分裂导致自我失去部分功能。克莱茵清楚地认识到，这是心灵中一种新发现的防御焦虑的过程，此时的焦虑关乎自体本身的幸存。分裂也和其他一些防御机制相关，包括大家熟知的投射和内摄，以及理想化、贬低和投射性认同。

这一理论新发现成为克莱茵学派此后思想和实践发展的基石。之后的和有着严重精神病性问题病人的大量工作都提供了更进一步的细节，帮助我们更好地了解心智生活的这个层面。那么，这一发展之后的情况又是怎样的呢？

第十三章　湮灭——谁害怕被瓦解为碎片？

关键词

· 精神病　　　　　　　· 精神病性焦虑

· 精神病性防御机制

对自身能否幸存的恐惧一定是整个自然界中最普遍的感受。对人类而言，它或许还是最早期的恐惧。梅兰妮·克莱茵认为不成熟的自我要去应对这种强烈的体验，并且还会以最极端的方式去应对。

为了幸存，人类心灵会做些什么呢？

自我分裂的过程是一种用精神分析术语来描述的防御机制，它保护一个人不去体验过于强烈而无法应对的焦虑。如果我们感到幸存是不可能的，那么我们会如何思考这件事呢？我们并不能思考它。我们必须通过规避掉感受的能力来逃离。那么，当自我以这种自毁式的分裂机制来逃避时，它的状态是怎样的呢？正如我们谈精神分裂症时提到的，可能自体感会出现严重错乱，而这里正是心智的安身之处！

自我分裂可以对自体或自我的完整性造成灾难性的后果。克莱茵曾评论说，当自我失去部分功能时，即使只是短暂地失去，自我也会被削弱，变得更为贫瘠。弗洛伊德曾详尽地研究过德国法官丹尼尔·施雷伯的案例，后者出版了一本自传，描述了自己一次严重的精神分裂症发作。

弗洛伊德（1911a）最主要的发现就是，心智评估现实的能力被移除了——这是一个灾难性的功能丧失，这也让施雷伯无法识别现实世界。在这类疾病中，现实感丧失似乎是一种普遍的症状表现。施雷伯精神病发作时不得不住进医院，他要求其他人帮助他更现实地生活。也就是说，他失去了评估现实的能力，而其他人（医护人员）则需要在一段时间内替他执行这个功能。

我们可以继续说说上一章中最后的案例。病人此前描述说，她的心灵都被切碎了：

　　我必须承认，当时我确实对这一情况相当警惕。似乎她的或我的什么非常具有摧毁性的东西像炸弹一样直接在我面前爆炸了。因为我认为自己是在帮助她更了解自己的心灵而不是摧毁它，所以我感到自己似乎犯了一个严重的错误。现在反思的话，也许是我太急于想让她承认自己的负面情绪了，也许在当时，她还没有准备好去探索这一部分。不过，我当时想的是，可能我的焦虑暗示了一种投射性情境，所以担心和警觉增加了。我只能总结这么多。但当时到底缺失了什么呢？我那时的理解是，首先她对我的敌意消失了，而后她理解这一体验的自我功能消失了。此时，她自我的某些部分看似已不复存在，甚至连替代形式都没有。

病人说她"切碎"了她的意识，这听起来完全是一个就事论事的陈述，没有任何敌意，也没有丝毫警惕。它达到了一种奇怪的平淡效果：病人的所有感受一并消失了。那人们可能会问：这些感受都去哪儿了呢？在当时，她的分析师内心满怀着内疚的焦虑和担忧，他也需要识别他对发生之事感到的责任，以及因为说错话、导致情况变糟糕而产生的修复愿望。

病人平淡的状态引起我的警惕，而我又进一步放大了这种警惕感。当时，我注意到我开始对自身的心智状态感兴趣。我的情绪中包含着厌烦、一丝责任感和警觉。而这些似乎都是病人该有却没有的心智状态元素。如果我们更严肃地看这个问题：失去的部分都去哪儿了呢？那么回答似乎应该是这样的：它们都跑到另一个人的心智中去了。我——也许是相当有道理地——开始被焦虑的想法所占据。

她体验到的敌意和焦虑统统消失了，或者如克莱茵常说的——都被湮灭了。但同时出现了一些非常相关的事情。似乎从她的心智到分析师的心智之间发生了一次颇为直接的传送。也就是说，分裂是被一次投射（以及分析师那边相对应的内摄）所支持的。病人思考和自我觉察功能的湮灭使她耗竭，她自体失去的部分则被置换——我们在后文（第十五章）中会看到，这是一个投射性元素，被称为投射性认同。对于她和分析师可能发生的投射过程的反思让分析师做出了一个新的诠释，这也带来了相当戏剧性的结果。

我诠释说，似乎她认为敌意都在我这边，因此她害怕我的愤怒和给她的压力，她也害怕我觉察到这一切的能力。她的心境改变了，现在她变得躁动起来。之前的平淡消失了。她看起来随时会哭，但在一分钟左右时间内什么都没说。然后她非常感动地告诉我，大街上吵架的那一对男女还带了个小婴儿。当病人路过的时候，小婴儿望向她（病人），看起来非常惊恐，似乎想让病人来安慰。病人想要去帮助，想要去抱起那个小婴儿。可以看到，在我的诠释之后，病人的心智开始再次使用那一幕。现在，它也不再是被切碎的、空白的了。病人的回应看起来是确认了这个诠释中的某些东西拨动了她的心弦。

现在是什么占据了她的心智呢？出现的这一幕是一个危难中的婴儿向一个可能能提供帮助的人求救。虽然愤怒仍留存于背景中，但求助到了前景中。因此，那一幕再次变成了一个"替代性念头"。这次它掩藏了一个潜隐的内容，即被压抑的求助需要。

（Hinshelwood，2008）

尽管病人并非一个严重紊乱的病人（也许恰恰因为如此），但她清晰地展现出了分裂（切碎）的过程，即失去了思考自身感受的能力。之后很快地，在同一小节中，她又恢复了她失去的自我部分，并开始使用不那么极端的回避方式——压抑的防御机制。

当然，我们这里给读者呈现的分裂（和压抑）的详细过程来自接受精神分析且没有罹患诸如精神分裂症这样严重疾病的病人。因此这些例子展现的都不是极端的自体分裂和人格错位（投射性认同）的情况，而这也许能帮助读者更好地理解，并发现自己身上偶尔可能出现的类似情况。不过，克莱茵也认为，这些精神分裂样过程的极端形式是严重精神疾病的根本性过程。

精神分裂样崩溃

精神分裂样机制通常被用来保护一个人不去体验对自体瓦解或销毁的恐惧。然而，分裂机制本身就会摧毁自体的完整性。因此，非常奇怪的一件事就是，尽管分裂这个机制的初衷是想要保护一个人不被瓦解，但它造成的实际效果却是瓦解。被分裂的自我受到瓦解的威胁，而如果分裂持续下去，造成自我更加碎片化的话，那么最终就会带来湮灭。因此，分裂反而恶化了它想要规避的情况。一个要点在于，特定的分裂消除了个体了解恐惧的能力，因此它是一个以失去洞察和现实原则为代价的解决办法。这样，个体理解瓦解的能力就消失了，而这又和其他一些潜在的状况有所关联。所以，和修通关于幸存焦虑的方式不同，分裂并非真正的解决办法。相反，随着"防御—焦虑—再防御"的循环延续，自我会变得越来越分裂，甚至可以说变得碎片化，能够保留的功能也越来越少，而且就算是能剩下的那些功能，其符合现实的程度也越来越低。当这个循环加快运转速度时，它就会制造出一种令人恐惧的、爆炸式的心智毁灭，就像前面案例中病人所描述的那样——尽管我还是要说，和我们大多数人一样，那位病人很幸运地可以抢救自己。

人们使用某种防御机制，本来是想要逃避无法忍受的焦虑，没想到却制造出一个可能更易引发焦虑的情境，这样的过程在经典精神分析理论中随处可见。事实上，这正是制造症状、保证症状持续下去的底层循环。

从这时起，克莱茵找到了新方向。她决心开拓这片心灵的新疆土——精神疾病的领域。在这里，其主要的关注焦点在于心智本身是否能存活——或者也可以说，心智不复存在（在这里，心智意味着在存在中思考、回忆和感受的能力，它和躯体层面的大脑不是一回事）。克莱茵越发确信它是无意识中的更深层级，它围绕着"心智是否还能存活"的焦虑形成，和俄狄浦斯情结中的焦虑（阉割焦虑、弑父罪疚、触犯乱伦禁忌等）属于不同量级和种类的焦虑。克莱茵称这种更深层的焦虑为"湮灭焦虑"，它是偏执的最底层情绪。

小结

心智瓦解和消失的能力使我们形成了一种最基本的恐惧。积极分裂的过程是一个非常有用的概念模型，它让我们更好地理解心智的丧失到底是如何发生的。

克莱茵提出了一个全新的"位置"——她称之为偏执-分裂位置，并指出参与其中的一种特殊机制——投射性认同，但是她和同事们的工作并没有到此结束。那么，这些新的理论建构如何帮助我们更深入地理解人的心智和人际间功能的运作呢？

第十四章　偏执–分裂位置——出现裂痕

关键词

· 偏执–分裂位置　　　· 理想化

· 自我分裂　　　　　· 投射性认同

"精神分裂样"这个术语指的是分裂，即心灵中更深的那个层级可能发生的事。克莱茵通过将这种心智状态命名为"偏执–分裂位置"来强调她对分裂的注重。人们有时会用日常语言来描述这种体验，例如在压力下"裂成碎片""碎了一地"，或者"不再是自己了"。这类日常用语和精神分析术语的目的一样，它们都在试图表达这种特别的心智状态。

那么，这到底是一种什么样的心智状态呢？

这些精神分裂样防御之所以被动用，是因为我们要应对自我或自体将被湮灭的偏执性恐惧, 而克莱茵用"偏执-分裂位置"来指代这一系列焦虑、防御和客体关系丛。她希望能够展示出偏执-分裂位置如何取代抑郁位置。在第三部分的前言中, 我们解释了克莱茵对"位置"这个词的使用。"位置"这个概念和发展阶段或发展时期的概念有很大区别, 后者被弗洛伊德用来描述和强调力比多发展的先后次序(Freud, 1905; Abraham, 1924)。

马戈特·沃德尔在对文学作品的分析中就描述了抑郁位置和偏执-分裂位置的来回往复。她使用了乔治·艾略特的一个比喻。这个比喻说, 人们在望向镜中的自己和望向窗外的风景之间往返转换。当面临新的焦虑和丧失时, 人们的目光也许会再次转向镜子(Waddell, 2002)。

想象这样一个场景: 一名员工非常害怕她的老板, 总是假定她的老板会找她的碴、批评她, 就是想要找个理由将她开除(解雇)。此外, 她也感到老板对她做得好的部分完全不感兴趣, 她是不受老板待见的。当老板脾气不好、劳累(漠不关心)、难以接近或者就像对待其他员工那样只是给她泛泛的反馈时, 她会感到她对老板的看法被验证了。而当老板和蔼可亲、感谢她的辛苦劳动时, 她会怀疑这只是暴风雨前的平静而已。显然, 这样的体验会影响她的工作表现, 她肯定也不敢在她想要休假的时候请假或者要求晋升或涨工资。可以看到, 这只是问题的一面——我们称这一面为偏执-分裂位置。

你也可以看到，这是一个非常极化的世界。在她的头脑
中，她只能是最好的员工，否则就是最差的员工。同样的感
受也适用于对老板的感知。当她以这种方式看待老板和公司
时，她只能看见事情的一部分——一部分真相，而老板也只
是一个部分客体，没有诸如和善、关心、友好这样的特征。
在那个时刻，这名员工很难将老板视为一个既有优点、也有
缺点的人，很难认识到他也可能是一个"讲道理"的老板。
在这种极化模式中，"老板缺乏兴趣"会被体验为是一场
灾难。

比昂（1962）提出了一种标记法来表达人们不同情感体验
之间的运动：PsD①。这种标记法指示出两种位置之间的交替转
换，而这种交替转换可以促进两种体验状态的健康互动，这样，
偏执–分裂位置下可能产生的极端怀疑以及对人、理念和目标的
极端理想化不会总是占据主导地位。这些体验在某些情况下是有
需要的，它可能帮助一个人照顾好自己，保证其个人安全或者有
助于获得其个人发展、取得个人成就。而且也不得不遗憾地说，
当要为祖国上战场时，人们必须坚信敌人的邪恶和自己事业的
正义。

克莱茵是如何想到以这种方式来思考我们的情感体验的呢？
尽管她一直在推进亚伯拉罕未完成的工作，但她在20世纪40年代

_____

① "Ps" 是偏执–分裂位置的缩写，"D" 是抑郁位置的缩写。

做了一次大胆尝试，不但克服了当时学界对她工作的重重反对，而且在理论和精神分析临床方面走得更远。早年弗洛伊德和亚伯拉罕曾提出，在生命最初几个月，即一个被称为前两价性情感口欲期的阶段，婴儿并没有攻击性冲动。这就和口欲施虐期（与啃咬乳房相关）的情况不同，这个时期出现在生命第一年的后期。但是，基于对儿童的观察和与儿童的工作，克莱茵并不同意弗洛伊德和亚伯拉罕的观点。

克莱茵描述过一个2岁9个月叫丽塔的小女孩的案例，她处于严重的焦虑状态。"克莱茵在她的临床材料中常常描述一些非常原始的部分客体，它们具有强烈的迫害性质，例如丽塔的'突块'（Butzen）"（Segal, 1979, p. 112）。这些幻想都以最原始的形式呈现，因此也是偏执–分裂位置最早的表现。克莱茵解释说，"突块"是一个想象中的邪恶生物，可以造成很大伤害，而小丽塔也将其认定为她父亲生殖器的一种形态（Klein, 1932, 1945）。事实上，克莱茵在其早期作品中写道，在生命一开始就可以定位这些极化的情感状态。

尽管克莱茵早就知道这种对客体的分裂，但她在20世纪40年代发展的新概念是"自我分裂"。我们之前曾提到，这个概念最早由弗洛伊德（1926）提出，之后成为很多英国精神分析师争议的对象，例如詹姆斯·克劳福、唐纳德·温尼科特，特别是罗纳德·费尔贝恩。自我分裂的概念如此重要，以至于克莱茵在偏执–分裂位置这个名称上特别加上了"分裂"一词。

　　我们在前面也提到，这种两级分裂对于情感发展至关重要，因为它确保了好客体可以在婴儿的心智或自我中被安全地建立起来。向理想化的客体认同"给予婴儿早期自体感以力量，赋予他一种凝聚感，帮助婴儿守护住一个又一个好体验"（Roth，2001），通过这种方式，人发展出情感抗逆力（作为对湮灭焦虑的抵御和保护）。之后，这些极端的感知觉和体验可以慢慢被整合起来（这个过程发生在抑郁位置），也可以被否认、解离、碎片化或者投射。自体碎片化来自一种自毁式的攻击性，它导致"自我弱化和贫瘠"（Klein，1946）。

　　这样，偏执-分裂位置上发生的过程不仅是在情感层面将被感知到的客体分割为极好的和极坏的，而且自我本身在这个过程中也因为解离了一些功能而遭到损害和肢解。例如，一个遭受丧亲之苦的人很可能在一段时间内变得麻木，就好像对此事没有任何感觉，甚至有可能对任何事都没有什么感觉。这是哀悼过程中一个被称为"否认"的阶段。哀悼者失去了觉察自身感受的能力。此时，随着一部分自体的丧失，另一个心理过程就可能出现，这就是"投射性认同"。

　　尽管使用了很多技术术语，但克莱茵一直都在试图捕捉人的体验，并从和他人之间发生的故事——照顾自己或照顾他人——这一角度来组织这些体验。"克莱茵的作品中透露出这样的感觉，即人一生都在以自私自利、自我服务为主的生命态度和以宅心仁厚、慈悲善良为主（尽管总是折射了一种对自体的担忧）的生命态度之间转换和摆荡。"（Waddell，2002）慢慢地，两种位置上更成熟的形式取代了早期形式，但在压力情况下，人有时也不可避免地会退回到早期形式。

小结

偏执-分裂位置的最主要特征就是理想化和贬低之间的极化。其中包含了对现实相当程度的扭曲，因为没有什么是全好或者全坏的——能意识到这一点则意味着抑郁位置的到来。

我们在前面数次提到，偏执-分裂位置上会发生的一个重要过程就是投射性认同，而现在，我们有必要来看看这个概念了。那么，投射性认同这个机制是如何运作的？它又在关系中扮演了怎样的角色呢？

第十五章　投射性认同——他不都在那里

关键词

- 投射性认同
- 对客体的控制
- 被客体内摄
- 排空
- 否认分离
- 无意识沟通

　　就像在回避抑郁性焦虑中"否认"所具有的中心地位，"投射性认同"是逃离偏执-分裂位置上迫害性湮灭焦虑的主要手段。这一过程导致严重后果，其中最主要的一个便是我们可能会使用其他人来盛放我们不想要的体验，而我们的自体也就和其他人的分辨不清了。的确，我们可能会把自己身份同一性中的元素和他人的互换。但同样具有挑战意义的就是，这一交换过程不只是我们在生命初期形成身份过程中的一种原始机制；具有这种形式的过程也会在我们的一生中持续，并被统称为"投射性认同"。

那么，投射性认同到底是什么呢？

在克莱茵描述偏执–分裂位置的同一篇论文中，她也引入了一种新的心理机制。也许这是克莱茵的一位同事和学生——赫伯特·罗森菲尔德——的研究工作，罗森菲尔德帮助她理解遭受精神分裂崩溃之苦的病人的心理过程。

在1947年，罗森菲尔德发表了他首次分析一名精神分裂症病人的经历。当时，克莱茵已经发表了精神分裂样机制的论文，并介绍了她自己的案例。在罗森菲尔德的论文中，他描述了一位病人，她会感到自己被什么人所侵入，尤其是被治疗小节中的分析师所侵入，病人也会感到分析师想要夺走她的一切，特别是她"自己"。相对应地，另一位病人想完全占据另一个人，成为那个人。这些过程都会影响人的自体感，例如其他人可以霸占自己的自体感或者自己可以占领其他人的，而这些过程也是精神分裂症体验的重要特征。

此前，克莱茵的兴趣点是病人可能在幻想中采用的攻击方式：

> 另一条攻击路径来自肛门和尿道的冲动，这意味着将危险的东西（粪便）祛除到自体之外，排泄到母亲那里。伴随这些被愤恨地斥逐到体外的有害粪便一同被排泄出去的是自我被解离的部分，这些部分现在被投射到母亲身上，或者我更倾向于这样看——被投射到母亲体内。

（Klein，1946）

此处是克莱茵首次明确提及这种被称为"投射性认同"的幻想。在克莱茵1946年论文的早期版本中，"投射性认同"这个术语只是被简单提及，但在这篇论文的1952年版本中，这个概念被赋予了更显著的地位。克莱茵认识到她再次有了一个新发现！

这一发现让人们更深入地理解了人类关系的某些面向以及严重精神障碍中的病理性机制。克莱茵描述的这一幻想指出，自体、个人特征和能力的某些部分以及内部客体被解离出去，并通过投射被放置在另一个客体（现实中的另一个人）那里。在小婴儿的头脑中，这样的幻想就已经存在了。用小婴儿的心理过程来说，早期内摄和投射的模型就是吸收奶水、食物或吸入空气，然后祛除有害的副产品，例如粪便和尿液（或二氧化碳）。按照克莱茵的理解，这些早期的心智意象被婴儿感受为具体的事物。克莱茵将这种对客体（例如母亲）的懵懂觉知以及如何处置它定位在人类发展的最早期，事实上定位在生命的一开始。它们不仅是幻想，而且类似某种天生的条件反射。它们其实就是反射性幻想。

投射性认同的目的

在克莱茵对投射性认同的定义中，这一幻想过程有几个潜在目的："投射性认同的目的可能是多重的，如去除掉自身不想要的部分，贪婪地占有和掏空客体，控制客体，等等。"（Segal,

1979）当谈到无意识幻想时，我们还要回到客体的性质以及主体所想象或采取的行动（包括动机、意图及各类特征）这一问题上来。这个过程的结果是，客体（那个在幻想中接收被投射元素的人）现在可被惧怕或被敬仰——因为它们现在拥有了那些被投射出去的特征。

祛除自体某些部分或内在客体的动机可能相当复杂：可能是想要摆脱掉不想要的心智面向；可能是通过将自己的一些部分放置在外部客体那里来进行沟通；可能是要去控制客体的心智、行为和表现，不让他们有自己独立的想法。这背后的无意识想法可能是：如果我的客体在他（她）的心灵中拥有我的某些部分，那么他（她）就会按我的意思来行动，而不会有自己的主意了。

这样，在幻想中接收被投射、被解离部分的那个客体，就被邀请或在无意识中被拉入一种体验，导致幻想中的过程于现实中真切实现（Sandler, 1987）。这样，这个客体真的就像主体期待的那样行动与表现了。例如，一个人说他不知道为何会这么做，这和平时的他不同。

这里的幻想是，自我失去的那个功能，亦即自我解离出的部分，现在被认定是其他人心智中的一部分。如下例：

一天下午，在一家被虐待儿童收容中心，一个12岁男孩坐在靠门的走廊里。他手里拿着一把小刀，正削着一块木头。那天下午，刚好这家慈善机构的一位管理者来参观。他穿着笔挺的西服，路过时看到了这个男孩，并停下来自认为礼貌地询问这个男孩子在做什么。这个被虐待的孩子说了声"滚蛋！"，便不再搭理这个位高权重的男人。男人对这种"不识抬举"的回答感到有些吃惊，于是尽可能温柔地又问了一遍。男孩看向男人，用刀指着他说："如果你还不滚蛋，我就拿刀捅了你。"男人于是穿过走廊，到会议室和他的员工们商谈事务。在会议进程中，他越发对那个"小混蛋"感到愤怒——他竟然敢威胁和恐吓他，对悉心照顾他的慈善机构如此恩将仇报。这个男人感到被羞辱、被虐待。

现在的关键问题是，最后谁是那个感到自己是被虐待的人？不再是那个经年累月被虐待而被送到收容中心的男孩了。相反，现在感到被虐待的是那个认为自己在照顾受虐儿童的无辜男人。这个例子就展现出，一个人是如何被驱使着去承接另一个人的体验的。这个男人现在代替这个孩子感受到痛苦、被虐待和愤怒。在这个例子中，这个男孩如此成功，以至于这个毫无防备的男人真的被侵入、被注入一种被虐待感，同时，他对这一无意识沟通过程毫无洞察。

在严重的精神紊乱状态中可以看到对投射性认同的过度依赖。例如，一种常见的情况就是，处于精神病状态的个体解离掉自身恰当识别现实的能力。他们之所以这么做，是因为现实的某些部分令他们无法忍受，因而他们不得不丢掉处理现实的功能。不仅如此，他们还可以让家人、朋友和邻居卷入，这样他们就必须来保护这个无法在现实中生活的人。最终，精神医疗机构也必须接管这个脱离现实、无法照顾自己的人，他们必须替他执行现实功能。

这一机制也可以让我们更好地理解边缘性和躁狂−抑郁状态，以及和这两种状态相关的特定心智功能的运作。克莱茵的贡献开辟了新的研究方向，而之后她的跟随者——汉娜·西格尔、威尔弗雷德·比昂、赫伯特·罗森菲尔德等——进一步发展了这些概念。他们不仅在严重的精神疾病患者身上看到了这种机制，而且在没有严重精神问题的病人身上也看到了它的运作。最终，在普通人身上看到投射性认同的过程也成为寻常之事——换句话讲，我们所有人都或多或少有着精神病性功能运作的部分。而且很重要的一点是，这些对日常关系的扭曲也发生在精神分析关系中，发生在病人和分析师自我功能的互换中。用克莱茵的理论来看，移情和反移情主要依靠这些基于投射和内摄机制的认同过程。

有时候，好的部分、好的特质被投射出去，这导致崇拜、坠入爱河的感受——这里的幻想是，我无法在离开我所爱之人的情况下生活，而且我们思考、体验世界的方式相同。但是，这种心智操作会产生一个后果，即当我们谈及他人是我们的"另一半"时，它会让我们注意到当我们把心智中的某些部分和内容投射出去后，我们在一定程度上倒空了我们自身，因此我们可能会感到自己不够好了。对罹患严重精神疾病的人来说，这也许恰恰是他们想要的结果，因为完满的心智让病人感到无法承受；但在其他情况中，这个过程会引起虚弱和贫瘠的感受。

与此同时，我们可能会在幻想中攫取他人的特质，并将其纳入我们自己的心智。《克莱茵思想新词典》中就在这个概念上加入了当代理论发展的新理解："投射性认同的幻想有时除了其'归结他人'（attributive）的特点之外，还可能被感觉为具有'获取'（acquisitive）性，意思就是，这个幻想不仅包括将自己精神中某些部分驱逐，而且包括进入其他人的心智，获得他精神中自己想要的部分。在这种情况里，投射和内摄幻想同时运作"。（Sodré，2004）

现在让我们来看一个例子：

一个病人因为一些健康状况去看全科医生。他以一种特别的方式来讲述自己身体的不适感。尽管医生尽可能去回应病人的需要，但他感到病人说的都和疾病没有关系。他感到内心烦躁、不舒服，希望病人赶紧离开诊疗室。但是，一旦病人真的走了，他的烦躁感就消失了，取而代之的是一定程度的内疚感和好奇心。在快速查阅病人的病历后，该医生发现，在之前的一次会谈中，病人谈了很多他生活中的困难。病人的一生中充斥着被拒绝、被剥夺的体验，这似乎是在重复着他早年和亲人分离以及之后被寄养、领养的经历。病人来看这位全科医生的一个原因就是想排解掉自身不被爱、不被喜欢的部分，与此同时，他仍然在无意识中重复着他儿童期的创伤经历。病人带着被拒绝的感受离开，而且全科医生不可思议（理想化）的专业知识现在也对他关上了大门。这再次证实了他无意识中最深的想法——他不值得被照顾，他总是要面对拒绝。不过我们知道，自从这位全科医生意识到其中的动力之后，下一次他不仅会更专业，而且会对这个"让人心烦"的病人更具有仁爱之心。

从上面这个例子中你可以看到，投射性认同机制在人际关系中是一种强有力的沟通和修正方法。

克莱茵最具创新性的学生之一威尔弗雷德·比昂之后进一步发展了克莱茵的投射性认同概念。比昂认为它最早出现在母婴互动之中，并对这一过程做了描述。

在整个分析过程中，病人都带着某种坚持，不断地使用投射性认同。这暗示：病人从未能够真正利用这个机制帮助到自己；分析为病人提供了一个机会，让他去练习使用这个令他之前一直被糊弄而无法使用的机制……当病人努力摆脱他人格无法承受的死亡恐惧时，他把这部分恐惧解离出来，放置在我的内部。这背后的想法看起来是这样的：如果这些感受能够在我这里存放足够长的时间，那么它们就会被我的精神所修正，然后就能被病人安全地内摄回来。

（Bion，1957）

比昂认为，母亲成为婴儿焦虑和挫败的情感容器，因为婴儿现在还无法理解这部分情绪或对其赋予意义；而在这个例子中，情绪是对死亡的恐惧。如果母亲在这个角色或功能上出现严重失败，那么就可能导致无法耐受焦虑、无法理解情感体验，以及无法进行创造性思维等情况。它也可能成为一些严重精神健康问题的根源。在本书第四部分中，我们还会谈及这些问题。

投射与投射性认同

你可能注意到，我们使用了两个术语——投射和投射性认同。关于这两个概念之间是否有区别，一直以来都存在争议。一个观点是，两个概念的区别不大，例如大卫·贝尔说：

> 一些作者对投射和投射性认同做了区分，但是从他们提供的解释来看，这种区分站不住脚。投射是一种心智机制，而投射性认同为这种机制提供了一个描述，它将其组成部分、无意识幻想也包含在内。

（Bell，2001）

我们在本书这一部分提到的机制都具有这种两价性结构——它们既是一种客观的心理学观察，也是对与他人以这样或那样的方式关联体验的叙述。

还存在一种观点，认为投射机制是一种简单的（没有防御性的）将内部客体向外的"投射"，类似一种衡量外部世界以及栖息其中客体的模板。这种看法来自心理学对感知觉的标准化理解，也是弗洛伊德使用投射一词最初的含义。

排空与沟通

你可能也注意到，前面比昂的话中也隐含了两个概念间的另一个区别。我们还是尽快提及这一点比较好，尽管到了本书第四部分，这一点会变得更为重要。比昂提到，病人在婴儿期和母亲也会使用投射性认同，这和克莱茵对攻击性客体关系的最初定义有所不同。克莱茵所描述的情况，现在有时候会被称为投射性认同的排空形式，而比昂的病人则需要些不同的东西，尽管如果病人的要求一直得不到关注的话，他确实会变得具有攻击性。不过这个要求从本质而言并不只具有攻击性；病人还要求他的恐惧能获得某种修改和转变。他希望自己的体验能被调和，能被分析师转变成可以理解的东西。投射性认同的这个功能有时被称为沟通性功能。分析师被要求和病人一起去"了解"（know）这种体验。

小结

在本章中，我们试图理解投射性认同的过程。它不仅距离意识水平很远，而且在人们几十年来的使用中，慢慢也发展出了具有微妙差别的不同含义。（至少从西方文化来讲）它打破了我们认为一个个体就是一个单独实体的认识。而这种相互交织的身份认同对精神分析和心理学其他分支都产生了深远的意义。此外，投射性认同也描述了人与人之间、人们的心灵之间的一种尤为亲密的联系。它为精神分析开辟了人际间这一维度，因此对于社会科学、美学，甚至人类科学中其他许多领域都有着潜在的重大影响。

面对困难的观察和发现，克莱茵从未退缩。在详尽描述了心灵最深的层级后，她还有一件事、一个挑战要完成，既是为了她的支持者，也是为了她的批评者。那么，她会如何看待"嫉羡"这个问题呢？她对此的贡献又开启了怎样的学术讨论呢？

第十六章　恶中之恶——嫉羡

关键词

·嫉妒　·嫉羡　·攻击爱　·感恩

克莱茵认为，精神分析师在探索和诠释人类心灵负性、攻击性面向时略显犹豫。虽然她认为这种矜持是可以被理解的，但她也认为这种矜持应该被克服。她坚持去了解人类最痛苦、最焦虑的体验，这让人们对她产生了错误的印象，以为她只对消极事物感兴趣。而她对嫉羡体验的描述加深了人们的误解。在此，我们尽可能少地涉及这些已经干扰到问题讨论的人身攻击，而是将关注点集中在概念本身。

那么，嫉羡是什么？对这个概念的批评又是什么呢？

克莱茵的事业一直在两个方面运行：一方面，她做出了越来越多的原创性贡献和发现；另一方面，经典精神分析越来越疏远她。在这场戏剧中，她最后一次出场仅距离她逝世几年时光（她于1960年离世，享年78岁）。但在此之前，她一直没有放弃对她的方法的信心，她也没有放弃还可以继续做出重要贡献的信念。

克莱茵最后一个重要贡献起始于一篇于1955年在英国精神分析协会宣读的论文。这篇论文激发出许多不同意见，甚至可以说引发了她同事们的反对，而很多反对者曾是她紧密的支持者。因此，她决定暂缓发表这篇论文。之后，她一直就这个概念进行更深入的探索和研究，直到1957年以书的形式再次公之于世，这就是《嫉羡与感恩》①。这本书的主题是恶中之恶——嫉羡。就像乔叟在《牧师的故事》中写的，"嫉羡必是罪恶之首；只因其他罪恶仅针对一种美德，而嫉羡针对所有美德、所有良善"（Klein，1957）。但克莱茵对此的工作遭到了同事们最糟糕的评价。

克莱茵一直以来都担心，精神分析师过于小心，只是诠释病人积极的部分，因此她指出这其中必然少了些什么。分析师也好、病人也好，他们可能都倾向于选择容易的路，但克莱茵认为很重要的一点就是分析师不会在面对负性、摧毁性一面时退却。克莱茵方法的基本要旨就是去理解爱、恨感受之间的平衡，理解可能会干扰这一平衡的持续性焦虑。而一段精神分析的真相就建立在这种对这一平衡不偏不倚、不退缩惧怕的基础上，这样，分

---

① 《嫉羡与感恩》，北京：世界图书出版公司，2016。

析师才能帮助病人完成自身的挣扎，达成更偏向积极面的平衡，而又不回避那些糟糕的东西。

许多精神分析师认为，克莱茵太过强调嫉羡了，因此她自己反而偏向消极情绪，反而不平衡了。的确，在这本91页（去除掉前言、后序等部分）的《嫉羡与感恩》中，仅有10页谈的是感恩！克莱茵对嫉羡的强调略有矫枉过正之嫌，但她的目的依旧是在看待临床材料时获得一种更合理的平衡视角。

那么，克莱茵究竟发现了什么让她担心、让她感到需要强调的呢？非常有意思的一点是，她将嫉羡和感恩配对。她认为，感恩是爱和好情绪最早的表达方式之一。它从生命最初就有了。它是婴儿在饱足地吸吮奶水后的欢畅感的一部分。此时会出现一种有意思的互动。母亲慷慨地给婴儿喂奶，而婴儿感激地回应。大多数母亲对婴儿的感谢都非常敏感，这就让母亲和宝宝一样快乐、欣喜。这样，慢慢地，母婴之间就形成了一种礼尚往来的良性循环。这里描绘的图景也在一个侧面说明克莱茵的观点并非以我们通常理解的本能为基础的。这样，焦虑不仅来自需求无法满足的挫败，也来自对需求及其满足的反应。也就是说，从生命一开始，婴儿就有了对感受的感受。这和本能能量的经济学理论不同，体验好感受的能力是一条潜在的指数曲线——好的感受会带来更多好的感受。这就类似于说："你对世界微笑，世界也还你微笑。"这一观点就和弗洛伊德及经典精神分析对力比多能量所做的量化估计不同了。

　　主体对慷慨大方善待自己的他者感到爱意，这点非常正常，也相当好理解。但就像我们之前看到的，克莱茵同时意识到还存在另一种循环，在这种循环中，坏感受会滋生更多坏感受。如果母亲使婴儿感到挫败，例如在喂奶时让婴儿等了太久，那么婴儿也可能对母亲感到恨意，而这种恨意对母亲也会产生影响，同时她会被婴儿急迫、未满足的要求搞得心烦意乱。这种情况甚至会让母亲感到这是对她作为母亲最严厉的批评，因此母亲有时候也可能感到无法应对。这样，尽管可能并非有意，但母亲也许会不受控制地对婴儿也产生厌恶情绪，而这种情绪也会在不知不觉中表达给婴儿。这并不会改善婴儿的挫败感和愤怒心情——一个（真正意义上的）恶性循环就很可能被启动了。当然，就像在良性循环中母亲不一定有多劳苦功高，在恶性循环中，母亲也不一定做了多少孽，尽管婴儿会谴责母亲！

　　前面谈的这些可以说是在引入"嫉羡"概念、介绍它更为异常本性之前的一个长铺垫。不过在进入正题之前，还需要谈个小问题。人类社会所依赖的一个重要特性就是能够以某种方式打破前面所描述的恶性循环。卷入无休止恶性循环的一方需要能撤离，这就意味着会出现一个至关重要的时刻，这个时刻会逆转一切。例如，如果母亲能够稍微恢复些，重新确认她对婴儿的爱——这对母亲来说通常并不困难——那么她就会发现自己现在有了新的情绪体验。我们可以称之为"原谅"；原谅是一种爱的行为。具有修复能力的爱可以扭转恶性循环。换言之，到了某个时刻，婴儿的恨遇到了母亲的爱。我认为克莱茵可能会说，在最好的情况下，一个小婴儿可能无须太大就能够做类似的事情。也就是，婴儿也能回忆起母亲是宝宝爱的那个人，尽管出现了一时控制不住的恨意和挫败感。这种能力也是我们前面提到过的抑郁位置的发展表现。

原谅中存在着某种悖论，即你要去爱某个恨你的客体。而现在，克莱茵也注意到了一种相反的情况。这不是原谅中的以爱对恨，而是反过来，以恨对爱。这种情况不仅很难被理解，而且她认为，这是一种如此具有悖论性的反应方式，所以婴儿也会被它深深困扰。事实上，如果仔细考虑克莱茵关于无辜小婴儿也会恨他们所依赖的爱这一主张，任何人都会感到意外和吃惊。但这的确是克莱茵在她论文中所提出的观点。之后，她在书中尽可能就每个细节都做了详细解释。

就像前面我们提到的，这样的观点在当时，甚至在今天也并不容易被人接受，而很多人也的确并不认同。想要令人信服地解释清楚这个概念，也相当困难。

让我们先花片刻时间澄清一点。"嫉羡"（envy）一词在我们的语言中有两种用法。它可以被用来指代纯粹的敬佩、仰慕（admiration）——"我真嫉妒你拥有这条新裙子"，这样的表达是在赞美对方的裙子，赞美者表示自己也想拥有一条。相对而言，这是善意的表达。嫉羡的另一个含义则和恶中之恶有关了，那就是敬仰导致了接下来的局面："如果你的裙子这么好看，那我就想把它撕碎，毁掉你因为它而产生的所有好心情、所有对自己的好感受。"这是一种令人严重不悦的情绪。克莱茵谈及嫉羡时，指的就是这第二个含义。

因此请大家注意，"嫉羡"和"嫉妒"（jealousy）不同。如果是嫉妒，相关的感受就是想占有这条漂亮裙子，而不是摧毁它；是想拥有这条裙子带来的全部光辉，同时让它更换主人。嫉羡则是要摧毁掉裙子本身！对他人的仰慕现在变质了。事实上，在嫉羡者看来，嫉羡也削弱了他们自己。在通常情况下，人们会因为认识某个他们敬仰的人而对自己也产生良好的感觉，但被嫉羡侵扰的人会期待他人的不幸，会因他人的厄运而幸灾乐祸。不仅如此，这种快感中的恶毒也会让一个人的自体感愈发渺小。之后，因为自己在自己眼中都变得越来越渺小，所以就更难以维持简单的崇敬所带来的快乐。此时，嫉羡和自我削弱的恶性循环一触即发。如果真的开始，那么它有可能成为某些人格类型中持久的特征，这些人终其一生都会挣扎于其中，欲罢不能。最终，他们也会嫉羡那些没有卷入这种嫉羡循环中的人。

嫉羡的核心在于分离问题。或者可以这么说，分离之所以成为一个问题，是因为它带来嫉羡。认识到自己和他人不是同一个人，导致这个人对那个不是自己的"他者"产生一连串感受。在嫉羡中，问题就在于：如果他者是一个好人，那么他的好就会引发两个严肃议题：

（1）如果他们是好的、有爱的、慷慨的、拥有自己想要的事物的，那么自己就有可能变得依赖他们。

（2）如果他们是好的，那么自己就会立即产生关于"自己是不是好的"的焦虑；此外，还可能因为他们的好而感到自己是渺小的——这时就与那个人出现了一种激烈的竞争角逐。

无论是感觉依赖还是感觉自己渺小都是痛苦的体验，但如果现在要与一个好的、被爱的、有爱的人做对比，那么这种痛苦就可能被放大到无法忍受。克莱茵认为，这是所有痛苦中最令人难以容受的一种。

那么接下来，该个体就会建立起防御，不让自己有那些感受。一个防御嫉羡的最主要方式就是贬低客体、贬低它的好，以及（或者）控制它——这样就没有什么可以去嫉羡的了。这个防御会以不同的方式进行，其中最极端的办法就是拆解、否认分离。投射性认同机制常常在防御嫉羡的策略中起着重要作用，而它导致的一个后果就是某种形式的融合。通过融合，所有的好都得到了重新分配，用克莱茵的语言说，就是从好客体那里掏舀来了"好"。

在投射性认同的过程中，一个人进入珍视的客体并控制它，而他展现的自大则平息了另一方的"好"带来的困扰。这个过程比较难以解释。我们怎样才能观察到嫉羡呢？这并不容易。但存在一些表现，符合这类悖论性的反应。很重要的一点就是，嫉羡意味着一种二人场景——那个单独的"他者"是好的，是被嫉羡的。但是在嫉羡最早期的表现中，他者有时候可能是一对。交媾中的一对父母彼此占据对方、喂养对方或在性上满足对方。从婴儿的角度看，他们不是两个客体，他们都是一个多层面"他者"的组成部分，彼此处于一种融合状态，而婴儿既想获得这种融合，又感到被排挤在外、触碰不到。正是因为"这一对"有着这样的单一性，克莱茵称其为"联合父母形象"。父母二人合为一体——很多夫妻（伴侣）关系的强度，特别是有了一个新宝宝的欢欣雀跃——很可能就被婴儿体验为一种极为紧密的结合。

我们可能会用日常用语说某人"忘恩负义"[①]，即他并没有以感激的方式回应他人的慷慨大方，而报之以仇恨和恶毒。很长时间以来，精神分析学界就已经注意到病人会出现这种矛盾反应。例如弗洛伊德曾在他的论文《可结束的分析与不可结束的分析》中提到，他对一件事感到很困扰，即有些病人以悖论性的方式回应分析师的帮助和一语中的的诠释，他们既结束不了分析，也没有什么改变，陷入一种被弗洛伊德命名为"负性治疗反应"的僵局中。尽管出现这种情况的原因有很多，包括分析师的胜任力问题，但弗洛伊德也提出另一种可能的缘由，他称其为一种"恶魔般的力量"。也就是说，病人无法接纳精神分析师的技艺和带来的真相。再换种方式讲，就是病人去咬分析师"喂养"

---

① 原文是"biting the hand that feeds you"，直译为"咬喂养你的手"。——译者注

他的手，亦即嫉羡分析师及其洞察。因此，病人——当然是在无意识中——花费大量精力让分析师的努力付之东流，也自然无法好转。

例如，马可·奇萨在解释他对嫉羡的理解时，讲了一个病人带来的故事。故事中，一个女人因为精神崩溃住进一家医院，之后在康复过程中得到了一名社区社工的帮助：

> 然而，这个女人并不感激她得到的照顾。事实上，她将社工帮助她在她花园里栽种的花草都挖出来并毁掉了。

> （Chiesa，2001）

在这个简短的例子中，女人对肥沃（土地、植物）的摧毁和婴儿早期对母亲身体的攻击一脉相承，攻击的是婴儿认为存在于母亲身体内的孩子以及能带来这些孩子的父亲的阴茎。

我们在前面提到，克莱茵对"感恩"着墨不多，而她这本小书（1957）中呈现的不均衡给人一种印象，似乎她和她的跟随者"只对"负面的人类动机感兴趣。但实际情况并非如此，"因为嫉羡、竞争和恨意的遮挡，爱所承担的部分被人们忽视，尽管如果爱不存在的话，也根本无法谈及恨的存在"（Bion，1962）。

就像我们前面提到的，感恩不仅包含满足、饱足的体验，也包含了这样一种认识，即知道有一个客体在那里，它如此爱你，希望你能感到满意。从这个起点开始，就会形成好感受的互动与回响。但嫉羡打断了这个互动过程。恰恰是因为这些好感受至关重要，所以它们的中断才会如此令人痛苦。

关于嫉羡的争议

对死本能概念的批评同样适用于"嫉羡"概念。一些学者指出克莱茵学派并没有令人信服地回应这些批评——"……他们没有回应对这些概念的批评说明他们要么无法回应，要么过于教条"（Kernberg，1980）——但这种指控并不成立。儿童观察（见Klein，1952b；Bick，1964，1968，1986）提供的临床证据以及其他形式的精神分析证据（尤其是Riviere，1936；Meltzer，1968，1973；Rosenfeld，1971，1987）都是克莱茵学派的回应，它们特别关注负性治疗反应这件事。

科恩伯格（1969）和格林森（1974）尖锐地指出，将所有不可预见的意外情况都归结为病人嫉羡的负性治疗反应是不成立的，但这也是经验不足的分析师常常滥用的理由。科恩伯格（1980）锐利地评论说，克莱茵学派技术造成的一个直接后果就是倒错性移情的出现。

作为回应，罗森菲尔德（1987）提供了一个详细的临床案例，尝试区分由错误诠释、不良技术带来的负性治疗反应和出于嫉羡暗中破坏治疗之间的区别。问题的复杂性在于：病人有可能利用分析师的某些不足；也可能他因为感到是自己造成了现在的局面，而被内疚感所纠缠，从而制造出需要承受痛苦的机会；还有其他很多可能性……

乔费尔（1969）就"嫉羡"概念进行了细致的研究，并从临床视角来审视这个概念。他指出，"先天性嫉羡"的概念早在1922年就被提出了（提出者是艾斯勒，他指出他的发现和亚伯拉罕在1919年的发现存在联系）。但乔费尔严肃地声称，在他自己的理论框架中，这个概念站不住脚。他驳斥了克莱茵的观点，提出："嫉羡意味着客体关系的存在，因此必须发生在原初自恋阶段之后。"嫉羡并非原初的。事实上，嫉羡是一个情绪丛，而非本我中所固有的某种单一性质的驱力——"尽管某些本我元素是嫉羡的必要元素，但嫉羡的区分性特征来自自我的贡献"（1969）；自我直到原初自恋阶段结束后才能真正形成（他推测在两岁左右）。他划分出四种自我元素，只有在这些元素都齐备之后，嫉羡才可能发生。这四种元素是：（1）区分自体和客体的能力；（2）一定的幻想能力；（3）区分幻想的愿望满足和幻觉性满足的能力（即区分内部现实和外部世界的能力）和（4）持续性感受-质量（feeling-quality）的存在。乔费尔认为，这些自我元素只能慢慢发展而来。

其实说乔费尔批评了克莱茵的这个概念并不十分准确。乔费尔误解了克莱茵的嫉羡概念，并假设它和对本能冲动的挫败有关，因为他对嫉羡的定义是："……喂养的乳房……从出生起就被视为故意为了自己的利益而不提供满足。"但事实上，嫉羡指的是因为好东西的好而去破坏它，而不是因为它不提供好而导致了挫败感才去破坏它。这在分析中常常会发生，因为分析师并没有捂着自己的诠释，而是将诠释给予了病人。乔费尔忽视了嫉羡的这层含义，即对好客体产生坏感受的混乱。

但乔费尔确实明白地展示出，克莱茵的嫉羡概念无法和自我心理学的理论框架兼容。事实上，自从1946年起，克莱茵理论和基于驱力理论的经典自我心理学就渐行渐远，以至于一个阵营的分析师很难真正了解另一个阵营的理论框架中所包含的重要特征和微妙差别，因此也很难准确把握分歧中的真正要点。这造成的结果是，双方真正有建设性的对话常常无疾而终。

对于克莱茵学派之外的分析师而言，"嫉羡"这个概念恰恰证实了克莱茵学派从本质而言是极度悲观主义的，这主要是因为嫉羡似乎是一种天生的情绪。因此，人们也就假定嫉羡是无法改变的，这也导致出现了一些想将它变得更令人舒服一些的尝试。人类具有攻击性、具有充满恶意的摧毁性，而且它深深印刻在我们本性中，这实在是个让人心惊肉跳的认识，所以没有人想去面对它。事实上，认为克莱茵对此持有悲观态度似乎也不无道理：

> 她（病人）和我都认识到她指向我的摧毁性嫉羡的重要意义，而每当我们触及这些非常深的层级时，看起来似乎

是，无论那里藏着什么样的摧毁性冲动，它们都被感受为全能的，因此也就是不可撤销和无法修复的。

（Klein，1957）

那些在一个真正能理性评价克莱茵"嫉羡"概念位置上的分析师——尤其是海蔓和温尼科特——早在克莱茵引入偏执-分裂位置之后就和克莱茵学派的思想保持一定距离了。海蔓没有发表任何就"嫉羡"概念的个人评论，她甚至没有使用过偏执-分裂位置理论中诸如"投射性认同""分裂"这样的概念。温尼科特接受了抑郁位置和对好客体担忧的概念，但并不认同克莱茵偏执-分裂位置理论中对摧毁性的强调。他也极少使用"投射性认同"这个术语，而且他似乎强烈反对克莱茵所描述的"嫉羡"概念。温尼科特并没有发表过对这个概念的批评，但显然，如果嫉羡是先天固有的，那么这也会削弱环境的重要意义、母婴之间特有纽带的作用，以及人类天然创造性的地位。

小结

克莱茵勾勒出对无意识"深层"的全面理解，这些更深的层级位于精神分析理论最早涉及的神经症水平之下。那么接下来的问题就是：克莱茵的概念框架真的就能比弗洛伊德的理论在临床实践中触碰到更深层级，提供更多对病人的理解吗？

　　克莱茵探索的是那些能将人逼疯的极端痛苦。她可能并没有完全意识到，当她向其他分析师传扬自己的理论时，她其实也在迫使他们去了解病人那些无法忍受的体验。因此，她的理论遭到拒绝也毫不奇怪。尽管在20世纪40年代，很多人抗拒克莱茵的理念，但克莱茵和同事们砥砺前行，进一步考察她对精神分裂样机制的理解可以如何帮助临床工作者更好地了解精神病性心智状态。

　　那么，克莱茵接下来还会做些什么来加深他们对精神病性现象的认识呢？

第十七章　精神病性现实?

关键词

· 精神病　　　　　· 置换

· 象征形成　　　　· 解离现实

克莱茵至少从1930年起就开始致力于研究心智的原始层级及过程，虽然说这一工作可以追溯到20世纪20年代她对亚伯拉罕工作的兴趣。要点在于，从理论上讲，这些过程是精神病性障碍中的问题。那么，当她在1929年开始治疗一个患有精神障碍的男孩——迪克时，就可以考察她的理解是否有所帮助了。她注意到迪克在象征形成方面的严重缺陷，而这也为她之后的理论奠定了基础。

那么，克莱茵是如何发现精神病性状态和体验的情感根源的呢?

　　精神分析的一个核心兴趣点就在于人们使用象征的方式。象征化其实也是所有文明和文化的基本功能。可以说，弗洛伊德就是在研究梦的象征含义（Freud，1900）的过程中，慢慢建立起了精神分析这门学科。从克莱茵开始观察儿童起，她就对儿童的智力发展很有兴趣。之后在1929年，她开始治疗一个男孩（被称为迪克），这个男孩不太能使用玩具，甚至说话也有困难。迪克只能通过混乱地跑来跑去来表达他的痛苦。他可能在现在会被我们称为"自闭"（autistic），尽管这个诊断标签直到1943年才被创造出来，而在当时，他被诊断为精神分裂症。迪克给了克莱茵更进一步观察儿童智力发展的机会，让她去理解在象征使用能力发展中到底什么出了差错，到底是什么让这个孩子无法表征他的感受和想法。

　　弗洛伊德对梦境的兴趣在于去发现能触碰到被压抑、隐藏的心智状态的方式，克莱茵的兴趣点则在于制造象征这个过程本身的性质。克莱茵对迪克的理解是，他在能够和他人真正产生关联、能使用话语并组织起自己的行为和体验之前，需要先能将一个事物替换为另一个事物，而这就是象征化的过程（Klein，1930）。那么接下来，克莱茵就可以通过做一些诠释，帮助迪克和她慢慢建立关系，来验证自己的假设是否正确。她之所以能做出这个假设，其根基来自她早年和儿童的工作。迪克这个小男孩就和克莱茵的其他小病人一样，也为自身的攻击性所困扰。但是迪克的困扰如此之深，以至于他根本无法逃脱。克莱茵认识到，儿童惯常使用的一种应对方式就是将攻击性从重要的、被爱着的原初客体转移到某个替代者那里；或者，去寻找某个可以被爱的替代者，而不是被爱的那个人。所以，儿童常常在父母之间摆荡，有时母亲是其最爱，有时父亲是其最爱。但儿童也有其他亲人，或者有保姆、帮工等，再过些时日还会有老师、朋友、朋友的家人等。而且很自然，儿童也会在玩玩具的过程中叙述他们的各种感受，这正是儿童首先使用的象征。

但可怜的迪克似乎没法做到这一点，克莱茵也认识到他的攻击性如此之强，以至于当他一转向某个替代者时，攻击性便立刻不加限制地涌现出来，他也不得不因此退缩回来。问题仍然无法解决。但慢慢地，克莱茵的诠释和她对迪克攻击性的理解确实帮助到了他，让他不再绝望地感到自己的攻击性如此不受控制。

这个案例告诉克莱茵，象征的创造至关重要。首先，它可以制造出替代者，而最初就是对爱的客体的替代；其次，如果没有象征，那么一个人的心智也无法发展。这里的要点在于，象征形成是平衡心智存在的必要条件——而缺乏象征形成也是许多精神障碍的特征。

对象征形成的新理解

克莱茵有许多有才华的学生，其中之一就是汉娜·西格尔。她是最早一批将克莱茵原始防御机制理念应用到临床实践中的人。在和病人爱德华的工作过程中，西格尔特别注意观察克莱茵对这些原始机制的理解是否真的能够很好地解释和预测精神分裂症患者所呈现的现象（Segal, 1950）。这位病人从1945年开始接受治疗，那个年代还没有有效的抗精神病药物，那种药物在很多年后才被研发出来。

西格尔的重要发现关乎精神分裂症的一个方面。众所周知，这些病人有某种思维障碍，就这点，精神病学家们也讨论了好几个世纪。这种无逻辑、奇怪的思维形式中包含了几个不同方面。西格尔认识到这其中存在着一种象征形成障碍，其最直接的表现就是无法识别一个象征其实是象征；病人没有办法区分象征和被象征物。她举了一个非常清晰的例子：

> 这里举两个病人的简单例子。其中一个——就称他为A——是一位有精神分裂症的住院病人。一次，他的医生问他，为何自从生病之后就不再拉小提琴了。病人略有些激动地回答："干吗？你难道想要我当众自慰吗？"
>
> 另一个病人B一天晚上梦到他和一个年轻女孩一起表演小提琴二重奏。他对此相关的联想包括摆弄手指[1]、自慰等。从这里可以清晰地看到，小提琴就代表了他的生殖器，拉小提琴代表了和那个女孩有关的自慰幻想。

---

[1]　原文是fiddle，这个词在英文中既有"提琴"的含义，也有"拉提琴"以及"拨动""摆弄"的含义。——译者注

　　从这里可以看到，两个病人都在相同的场景中使用了相同的象征——小提琴代表男性生殖器，拉小提琴代表自慰。不过，两个病人象征功能的表达方式非常不同。对于病人A来说，小提琴已经几乎完全等同于他的生殖器，所以公开演奏都变得不可能了。但对于病人B而言，在醒着的时间演奏小提琴是一项重要的升华活动。

（Segal，1957）

　　恰当的象征允许我们用那些并非直接代表"性"的替代客体来使用本能——它们更为崇高，而不那么世俗。西格尔和克莱茵一样都在探索普遍意义上的象征本质，而不只是局限于梦的象征——那些无法直接被带入意识中的心智元素："将定义扩展以包含升华中所使用的象征会大有裨益。首先就是这个更宽泛的内涵更符合日常语言使用习惯。"（Segal，1957）

　　西格尔对病人生活及行为之中的异常之处追本溯源，发现无法鉴别这类微妙差别是其根本，这样病人就经常会对一个象征到底意味着什么产生混乱。这在精神分裂症状态中被称为"具象思维"，不过这并非西格尔的发现。但西格尔展示出了它形成的过程。西格尔指出，之所以病人难以区分具体的事物和象征之间的区别，是因为他们使用了克莱茵曾描述过的一种原始机制，即投射性认同。

　　之前我们曾经提到，投射性认同的一个目的就是否认自身脱离了现实。这样现实感（弗洛伊德称其为"现实原则"）就遭到干扰。这个问题造成的一个后果就是混淆象征和现实中的被象征物。一个真正的象征具有"仿佛"的特性——如小提琴仿佛是阴茎。

这种象征问题也会延伸到词语的使用上，仿佛词语本身现在就等同于它所象征的事情。对此，西格尔提供了另一个病人的例子：

> 在病人刚开始分析几周内的一个治疗小节中，他到来的时候面红耳赤，一直"咯咯"笑，整节治疗都不肯和我讲话。之后我得知，在这一节开始之前，他刚好参加了一个职业治疗课程，在课上，他做了些木工，做一个凳子（stool[①]）。他之所以一直不讲话、脸红，还"咯咯"笑，就是因为他没法开口和我谈他之前做的事情。

> （Segal，1957）

没法讲"stool"这个词，是因为病人感到一旦说出口，真的就会有大便进入房间。因此，在精神分裂症中，语言的使用常常非常扭曲。

[①]　"stool"这个词在英文中有"高脚凳""凳子"的含义，也有"大便"的意思。在这个例子中，病人直接把"stool"这个词的两个含义等同为一件事。这就好比说，一个毕业生准备答辩，但他非常具象地认为自己做这件事就是在大便，而不能把这个谐音当作具有象征意义的笑话。这种现象也可见于一些因迷信产生的语言禁忌，例如"四"和"死"的联系。——译者注

这类临床现象证实了克莱茵所描述的精神分裂样机制。这些原始机制的确会发生，也可以被观察到。西格尔这里的工作具有重要意义，因为它是围绕在梅兰妮·克莱茵身边的精神分析师们较早探索理论新方向而不直接受她带领的一次尝试。不过当然，西格尔在撰写、发表论文，提出自己的发现之前，也一定和克莱茵进行过深入讨论。

小结

克莱茵在1930年以及西格尔在20年后的工作的一个硕果就是，通过使用克莱茵发展的新概念，确实可以对心智的精神病性状态获得更新的理解。而且不只是这方面的理解，它也帮助我们更好地识别儿童的发展进程，以及其中一个重要的现象——象征形成。

在本书第四部分，我们会去了解这些新理念在克莱茵生命晚期以及她逝世后，对于临床工作以及临床疗效都产生了怎样的影响。

那么在她之后，她的被分析者和学生又将如何进一步发展她开创的事业呢？

第三部分总结

在第三部分中，我们跟随克莱茵进入一个她指出是无意识更深层级的领域中；她认为她的工作承接了卡尔·亚伯拉罕在20多年前开启的探索。

这之后的几十年中，克莱茵学派的分析师们和有严重精神障碍的病人展开了具有治疗性以及实验性质的精神分析。这一尝试的结果是，他们发现，尽管严重紊乱的病人是否能被帮助到还存在争议，但他们的分析证实克莱茵提出的无意识更深层级的确存在。这就让克莱茵提出的一个标签——"偏执–分裂位置"以及投射性认同的概念变得更加流行。克莱茵一直到1960年逝世前，都活跃在理论发展前沿。她逝世后，她的同事们直到今天仍在继续探索她开拓的这块新疆土，这也就是本书下一部分的内容。

我们需要看到，梅兰妮·克莱茵在很大程度上依靠了其他人提供的支持，她需要有人能认同她的新观点。从20世纪30年代克莱茵遭到反对起，一些人就集结起来支持克莱茵和她的新理念。其中比较著名的包括琼安·里维拉、宝拉·海蔓和苏珊·艾萨克。这个小团体处理了1943年到1944年争议性辩论中的很多事务。之后，从1945年起，新一代支持者兴起，包括汉娜·西格尔、赫伯特·罗森菲尔德和威尔弗雷德·比昂。这个团体相对而言对新观念更为开放，例如西格尔提出了关于象征的观点。此外，罗森菲尔德和比昂做出的贡献可说是定义了今天的克莱茵学派。这些都会在下一部分中介绍。

在这个阶段，克莱茵的兴趣点在于自我的形成或变形，尤其是无意识更深层级中关乎自我或自体能否幸存的恐惧。这种焦虑很可能来自死本能的生物特性——这就和力比多来自生本能的生物特性一样。

（1）从自我的角度看，分裂是一种自体湮灭。

（2）分裂的发生是为了消灭无法管理的体验以及自我中能够体验的部分。

（3）分裂的结果是自我的一部分消失——自我更为贫瘠，一些功能看起来直接消失了。

（4）从客体关系角度来看，自我被分裂出去的部分不一定被湮灭，而是可见于客体。这样，自体不好的部分可能会被投射到母亲内部，因此她就成为存在的坏自体。

（5）身份同一性的一部分确实被投射出去了——投射性认同。

（6）客体有可能会内化伴随着自我体验能力部分的被投射体验——即客体通过真实感受到（内摄性认同）而内摄和识别出

（被投射的）体验。

（7）但是之后又发现投射性认同还有其他几种形式：有时是简单排空无法被管理的体验——类似于精神上的排便；有时是否认和客体的分离——这通常是无法被管理的体验和分离痛苦有关的时候。

（8）还有的时候，在投射性认同发生前，并没有出现过度且贫瘠化的分裂，因此客体关系双方都有或者说共享了这一体验。

（9）比昂指出，在正常情况下，投射性认同也可被当作一种沟通形式使用，这样客体就能够知道主体此时的心智状态。的确，即使这个过程的其他形式在治疗中也可以被用来了解病人的心智，获得关于病人的信息。

以上就是克莱茵对无意识更深层级理解中的要点。这里的关键在于自我分裂，它和压抑有着根本性的不同。在自我分裂中，并非内容被简单地排挤到意识之外，而是自我的一部分（因为这部分的功能运作，一个人感受到了无法管理的体验）被从自我中移除。本书最后一部分将会继续介绍近期克莱茵学派分析师如何看待"更深层级"这个现象。

进一步阅读建议

Klein, M. (1946) Notes on some schizoid mechanisms. *International*

Journal of Psychoanalysis 27: 99–110. Republished (1952) in Heimann, P., Isaacs, S., Klein, M. & Riviere, J. (eds.) *Developments in Psycho-Analysis*: 292–320. London: Hogarth.

Klein, M. (1957) *Envy and Gratitude*. London: Hogarth. Hinshelwood, R. D. (1991) *A Dictionary of Kleinian Thought*. London: Free Association Books.

Feldman, M. (1992) Splitting and projective identification. In Anderson, R. (1992) *Clinical Lectures on Klein and Bion*. London: Routledge.

Bronstein, C. (ed.) (2001) *Kleinian Theory: A Contemporary Perspective*. London: Whurr.

Quinodoz, J.-M. (2008) *Listening to Hanna Segal: Her Contribution to Psychoanalysis*. London: Routledge.

Spillius, E. B. et al. (2011) *The New Dictionary of Kleinian Thought*. London: Routledge.

Rustin, M. and Rustin, M. (2016) *Reading Melanie Klein*. London: Routledge.

Steiner, J. (ed.) (2017) *Lectures on Technique by Melanie Klein: Edited with Critical Review by John Steiner*. London: Routledge.

第四部分

超越基础——真相

梅兰妮·克莱茵在1960年逝世时，她的团体规模很小，但是其成员的专注投入弥补了规模上的缺憾。这个团体一直保持紧密联系，和其他能在创始人逝世后幸存下来的团体不同，克莱茵学派不断发展壮大。克莱茵全集的主编曼尼凯尔——我们在前言中曾提到过他——描述了精神分析发展的三个历史阶段：（1）对性抑制的兴趣；（2）对无意识冲突（包括来自超我的冲突）的探究；（3）真相、无意识错误感知和妄想的问题（Money-Kyrle, 1968）。汉娜·西格尔所开始探索的就是这些错误感知，她发现她一位精神病病人——我们在第三部分最后一章中提到的爱德华——无法恰当地感知现实，这引发了她的研究兴趣。从这里开始，克莱茵学派的理论更进一步向前发展。在克莱茵逝世后，克莱茵学派分析师提出的新理念并没有像很多团体那样因为创始人的逝世而变得死板僵化。

　　克莱茵的追随者们在她逝世后主要关注人类更具摧毁性的力量是如何在精神分析治疗中被感受到的。本部分头两章将追踪两个方向上的研究。第一条发展路线和罗森菲尔德的工作尤为相关，他的兴趣点是严重人格障碍病人所呈现的自我摧毁倾向。
这类障碍和精神障碍毗邻，但并没有如精神分裂症和躁狂–抑郁
（双相情感）障碍中那么高的缺乏组织程度。第二条发展路线是
考察这些更具摧毁性的力量如何在一个治疗小节的进程中呈现
出来，以及如何以负性治疗反应的形式呈现。这部分工作由贝
蒂·约瑟夫和一批新晋克莱茵学派分析师跟进，如罗恩·布里
顿、约翰·斯坦纳、麦克·菲尔德曼和伊涅斯·索德雷。他们的
研究深深影响了克莱茵临床技术的发展。

后面这个主题和"容器–容纳物"——或称"涵容"——的
概念密切相关。第十九章将详细介绍这个概念，并指出它极为生
动、实用地描述出母婴以及病人—分析师的互动过程。这个概念
是比昂从1959年起开始研究、发展的，但它来自克莱茵在1946年
描述的投射性认同。到现在，分析师尝试用话语去涵容病人带来
的无法言说、无法忍受的体验已经成为克莱茵学派的共识。这种
理解也和西格尔的观念一脉相承（见第三部分最后一章以及第
十五章），她认为象征有时能恰当地涵容意义，有时候则不能。
在治疗面见过程中对情绪体验的统感——或比昂更倾向于称为
"直觉"的东西——已经成为一种新的探索方式，它强调分析师
在面对病人时的自身体验。这又会进一步涉及克莱茵学派对于反
移情发展的理解（见第十九章）。

第十八章 病理性组织——谁是黑手党成员？

关键词

· 防御性人格组织   · 精神撤退

· 负性自恋

克莱茵就"自我分裂""无意识幻想""投射性认同"，尤其是偏执-分裂位置上情感体验的理论发展，为新的分析技术奠定了基础，也让分析师有可能和新类型病人工作。之后，如何沿着克莱茵开辟的道路继续展开精神分析理论和实践的探索就成为她后继者的工作。

在精神分析发展史早期，朵拉的案例就引发了人们的兴趣，即为何有些病人似乎抗拒精神分析过程。那么，克莱茵的新观点是否能够帮助到这些看似不为经典诠释所动的人呢？

在梅兰妮·克莱茵逝世十几年后，罗森菲尔德（1971）写了一篇重要论文，描述了被他命名为"负性自恋"的概念。他的一位男性病人表现出一种傲慢态度，似乎对分析师和分析都不屑一顾。在分析过程中，他发现，病人好像会去蔑视任何他依赖的人或事物，至少表面上如此。

弗洛伊德关于"自恋"的观点随着时间也在慢慢演变，它关乎力比多——爱、生命、性本能——寻找感兴趣客体的方向。换言之，婴儿在出生后很快——这多少是天生的——就会找到一个客体去爱，去从那里获得生命感，寻求刺激和满足。这被称为"贯注"，即找到一个感兴趣的客体。在发展过程中，占主导的性本能会在一个人成年后驱使他寻找客体或伴侣以获得性和情感的满足。

在特定条件下，一个人的贯注会被修正，贯注的目标可能会改变，寻找的客体种类也可能会变化。渴求生命的力量对于婴儿幸存至关重要，这也意味着婴儿会本能地寻找"自己"这个客体。这样，在生命初始，力比多依附至少有一部分朝向自身，婴儿吮吸乳头至少有一部分是为了自身的生存，为了肚子有饱足感。将对一个现实外部客体的兴趣转向自身，再现了纳西索斯[①]的自我关注。但对生命和对自体幸存的关注当然是重要的，这也是自然的力量。因此，力比多可以朝向两个方向——朝向客体以

---

　　① 纳西索斯（Narcissus）是古希腊神话中的一位美少年。他受到诅咒，虽然追求者无数，但他都不心动，最终看见自己在水中的倒影而深陷爱河，不能自拔，最后死在湖边，死后变成一株水仙。他的名字被用来形容"对自己的爱或关注"，即"自恋"（narcissism）。

及朝向自体。

有时，这种贯注的修正会变得极为异常，甚至可以说具有病理性质。例如，弗洛伊德对严重精神疾患的思考让他认为精神分裂症是一种自恋状态。患者对现实外部世界的注意力迅猛地被撤回，之后倾向于只生活在他自己创造的世界中。

这是力比多所展现出的一系列复杂变化。那么，作为互补精神力量的死本能，我们又能预期到些什么呢？

负性自恋

赫伯特·罗森菲尔德将"负性自恋"定义为转向自体的攻击性。在弗洛伊德的术语中，死本能指的是所有有机体生活在一个最终走向死亡的生命的倾向性中。他认为这就是热力学第二定律——一个解释物理结构、复合物消散的法则——在生命体身上的表现，即尘归尘、土归土。有机体就和物质的能量一样，倾向于慢慢损耗，任何多余的能量都倾向于被排出。这是一个相当不同寻常的类比，而克莱茵在目睹了儿童所展现出来的攻击性和爱的对抗之后，开始思考这是否也是弗洛伊德所描述的机体既要生存又要迈向死亡这一张力的表现。力比多的目的是保持自体存活，克莱茵认为可能攻击性对自体也有类似的秘密目的。她推测，其中一种体现就是个体发展出一个严苛、无情的超我，这一超我攻击自体，让它充满罪疚感。弗洛伊德也承认克莱茵的这个理念，即超我有时候比现实中的父母更严格，而这超出的部分就来自死本能的贡献，它一直留存在自体中未得到修改。

由于严苛超我的这些特点，它也被克莱茵的另一位追随者威尔弗雷德·比昂称为"摧毁自我的超我"。这是因为，超我给自我施加极大压力，麻痹其识别现实的能力并阻碍其思考过程。例如，使不同感知觉通道或不同信息之间的联系被打断。这样，高度自恋和精神病性人格者似乎无法吸收任何新知识，或者听不进他人的论证，而且似乎拥有一套只属于自己的独特逻辑——心智已经失去了从经验中学习知识并在未来使用这些知识的能力。

不过，罗森菲尔德发现这些攻击指向自体的病人，其自体有其特殊性。它要求优越感，对人类通常的价值观毫不在意；它对任何对他人的温柔、诚实、仁慈都报以不屑的态度，并且尤其鄙视脆弱感和依赖感。随着对这个暴虐自体的荣耀化，他们也会出现一种高高在上的对他人的漠视。这种内部冲突状态现在常被称为一群"内部黑手党"，它们恐吓人格中更善良的部分，对人格中爱、诚实、忠诚、尊重人类价值观的能力的部分产生威胁。矛盾的是，这一如同帮派的心智组织会给人一种毫无冲突的体验，很多时候，人格或自体中更真诚、更良善的部分会妥协，并且在很长时间内处于潜伏状态。

内部黑手党这样的比喻来自现实生活。可以想象一下，在现实中，黑手党或者帮派是如何运作的。成员隶属于帮派，获得归属感、认同、安全和资源，而作为交换，他们要奉献出无条件的忠诚，并遵守帮派制定的一系列规则——这些规则常常与普遍意义上的社会准则、法律甚至道德相冲突。然而，通常一个人也不可能随随便便脱离帮派——一旦加入，想离开就没门儿了，假若真的铁了心要走，那就等着无情的复仇降临吧。同样，内部这种如同帮派的防御性组织对于任何想依靠外部现实或渴求与他人联结的尝试也视若死敌，并会动用所有攻击性潜能来对抗这些感受。这样做是为了维持一种幻觉：似乎一个人完全可以自给自足，也不用感到来自诸如分离和丧失带来的焦虑。事实上，可以说，自体或自我现在出现了两个对立面，一面是平常的自体，通常还是相当成熟的，它被另一面的负面自体所掌控，后者则致力于自恋性地谴责自身的成熟。

罗森菲尔德描述了一位男性病人，他只要感到一丁点儿的脆弱感就会进入这种居高临下的位置，并通过缺席分析且常常在缺席期间去召妓来表现自大的优越感。通常这类情况的发生是对分析进程中出现的暂停、打断的回应，这种短暂的中断会让病人感受到他对分析师的依赖，也会让他看到他无法控制这个他所依赖的人。这样，他就去使用其他人来满足自己的目的，传递一种他的分析师其实不重要的信息。罗森菲尔德认为，这类病人的人格由自我中的力比多和消极的部分组织。自我的爱削弱了自身，因此必须由一个"更强悍"的自体部分所取代，这一部分相信力量就来自摧毁掉一段持久的、令人满足的、有滋养的爱。它感到摧毁总是比创造更容易，也更有力量。

这似乎既表现了它对他人的摧毁性，又体现了其防御性的态度，它把他人贬低为可被自己所用的棋子。但是，罗森菲尔德也认为，它不只是贬抑他人，也苛责地关押或恐吓病人自身能以正常方式去爱、去珍惜他人的部分。战胜人类平凡之爱似乎就是自毁原则的体现，它攻击人类价值观，攻击自体中尚存的去爱、去珍惜生命中重要之人的能力。

这样，自我就被"病理性地组织为"两部分，一部分代表了爱和人类价值，另一个可说是被解离、分裂的部分代表了被升级到高高在上的自恋性位置并鄙视人类价值的负面特征。罗森菲尔德认为，自我的这第二个部分是"消极"自我，它的主要目的就是压制积极自我。

微观过程

罗森菲尔德描述了这种防御已被组织为人格结构中的一部分，也展现出它如何在分析小节中体现出来。当分析小节中出现对病人自大感的威胁后，病人就可能表现出一种不可一世的优越感，视分析师和其他所有人仅仅是来满足自身荣耀的物品。罗森菲尔德注意到，他的病人会以这样的方式来回应分析师的一些特定诠释或行为，例如分析师宣布分析将暂停几次。

这一内部过程会在分析小节的进程中展示出来。罗森菲尔德依靠病人的梦来勾勒出病人内心舞台上正在进行的威胁和恐吓。这种情形常常出现在一些重要事件之后，例如当分析师要休假、分析需要暂停一段时间时，这会让病人感到自己被排除在外，感到自己微不足道。

但是，如果分析师仔细关注分析进程，还是可以看到病人摧毁和自毁的端倪与细节。贝蒂·约瑟夫率先提出要紧密注意分析小节中病人和分析师互动过程及互动性质的微妙变化。例如，她描述了一位病人，他在分析中表现得非常被动，又很有学术气。约瑟夫注意到，在一小节分析中，她的诠释经过对内容智力化的稀释和合理化后，常常会完全丧失意义，尤其是情感基调，这让分析师自己感到被排除在外，感到无助。

但之后，在同一篇论文中，她解释说：

在分析中，他（B先生）在和我的关系中表现出同样的缺乏参与状态——他定时来，讲述自己的问题和梦境，倾听诠释；他也会回答"是的"或者"有意思"，但是这一切似乎和我一样，在病人那里都无关紧要。他会以学术的方式绕着诠释谈，或者变得特别絮叨，直到我所说的话中所携带的感情和意义完全消失。

（Joseph，1971）

　　这些对分析中互动的精准描述展现出病人在日常生活中是如何通过分裂排解掉自己不想要的部分，并在幻想中将它们安置在其他人，尤其是生活中的女性那里的，这个过程又在分析的移情关系中被再现、活化。这既是防御性的，"也被当作攻击来使用"。它不仅尝试从自身排除掉其不想要的部分，导致人格的贫瘠和冷漠，也是一种应对性冲动和攻击冲动的方式。现在，病人与这些冲动断绝关系（在其他人身上看到），同时又在施虐性地使用这些冲动来操控他的客体，以确保不再会有分离的危险。

　　我认为这个男性病人的特别之处就在于他处理自身性兴奋的方式，而这又和他的倒错及被动有着特殊联系。我会尝试展示出B先生是如何通过投射性认同来排解自身的性兴奋的。首先，就像我前面提到的，他之所以要摆脱这些性愿望是因为它们和对一个女性的依赖感和爱意相关，而这可能导致对她的身份及可爱（lovability）的嫉羡。一旦这些感受被投射出去，他就不再被女人吸引，而是女人都跑来追求他。其次，他的兴奋必须要被解离和投射出去。这种兴奋也被他感受为无法忍受的，这是因为这种感受不仅和攻击性有关，而且和施虐性有很深的联系，所以他必须与之断绝关系。但是我也必须指出，将兴奋投射出去不仅具有防御性质，而且可被当作对其客体的攻击来使用，尤其是在深层次，它是对乳房的平静与稳定的攻击，即要摧毁它宁静和有力的喂养特性。当然，将性兴奋投射出去也让他变得冷漠和性无能，这也导致他以一种静悄悄、不可见的方式情欲化了移情关系。

（Joseph，1971）

约瑟夫和她的同事们（Hargreaves & Varchevker, 2004）提供了很多这种在分析小节内暗中破坏和表现出优越感的例子。它们都呈现出，病人对于要依赖分析师来发现关于自己的真相这点非常阻抗，为此，他们常常以看似微不足道的方式来贬低分析师的工作和洞察。

尽管约瑟夫并没有让我们在理论上获得更多对于自我及其功能的理解，但是她最卓越的贡献在于聚焦了分析师观察小节内部过程的能力。这在很大程度上取决于分析师本人对治疗关系中体验的理解，也有赖于之后病人是否能够公正地吸收和使用分析师的这些理解。

对小节进程的敏感性以及良好的工作也可能会带来负面结果，这正是弗洛伊德所说的"负性治疗反应"的一个微观版本。弗洛伊德在生命晚年（1937）越来越不确信自己的方法是否能够帮助到很多人。然而约瑟夫让我们更好地理解到分析双方在互动过程中那些细微变化究竟意味着什么。

这一工作在很大程度上取决于分析师对于分析小节中开启和展开的关系的敏感性。不仅病人的感受会指示出互动过程中发生了什么，分析师的感受也具有揭示作用。这意味着分析师要理解反移情，即分析师对于病人感受的感受，而这种对反移情的应用，也部分来自弗洛伊德的悲观表达之后，反移情在概念上出现的一些新变化。

小结

克莱茵逝世后，她的后继者们做出的一个重要发现就是看到有一些特定人格具有特殊的组织结构形式，其中负面部分占据主导位置，压制着依赖、诚实等人类价值。从对分析小节过程越来越细致的关注中可以特别看到这一点，即病人可能会使用分析师及其诠释来维持自身优越感和虚假的独立性。

如果这个和临床实践相关的新观点被接受，那么就意味着我们需要对分析进程中分析师的体验，即他的反移情，保持更高的敏感度。事实上，自克莱茵之后，反移情概念的发展值得细细道来。

第十九章　涵容

关键词

- 容器–容纳物的概念
- 沟通性投射性认同

- 反移情
- 遐思

读者从第十五章中可以看到，在克莱茵逝世后，克莱茵学派的发展更注重临床技术而非理论扩展。尽管克莱茵本人并没有写太多关于"技术"的文章或者给出详尽的"如何做"的指导（见Steiner，2017），但她的理论十分有助于思考这些工作方式。不过这里的问题就在于，她的一些重要理念，例如投射性认同，由于人们对其有着几近膜拜的兴趣而有被过度使用的风险。

那么，都有哪些发展中的理念呢？

弗洛伊德对分析师在分析中的感受总是报以深深的怀疑。问题最早出在卡尔·荣格和桑多尔·费伦齐身上。前者和其病人萨宾娜·斯皮尔林发生不符合伦理的关系，后者则和一个病人以及病人的母亲卷入恋情（最终费伦齐娶了病人的母亲）。然而，大约在弗洛伊德（1939年）逝世的十多年后，这种怀疑分析师作为一个人也有情感甚至有人性的态度遭到了质疑和挑战。

反移情

尽管克莱茵本人从未完全接受对反移情概念的新理解，但它恰恰是克莱茵曾经的追随者宝拉·海蔓（1950）最早提出的。分析师的感受现在被认为是一种理解病人感受，亦即其移情的潜在来源。举例来说，如果有一个愤怒的病人，就会有一个感到受伤的分析师。一个感到内疚的病人的分析师就可能想去责怪病人。接下来，就是精神分析师的责任——去控制自己不真的责怪病人，但这也不是说要忽视自己的这种感受。也就是说，分析师需要认识到自己有责怪病人的冲动，但不是真的去允许自己满足这个冲动，而是识别到这一冲动的源头不仅来自分析师本人，也来自当前情境。当然，这里的情境指的就是当前他和病人展开的治疗关系。无论分析师本人是否倾向于去批评、责备病人，想去责备的冲动都来自这段关系，而这段关系也和病人有关。也许病人感到自己应该被责备，所以他就以一种特定的方式讲述发生的事情，而这恰好拨动了分析师的心弦。

　　当然，精神分析师在这种情况下也可能禁不住诱惑而去满足自己的冲动，此时，我们就将这种情况称为对这一无意识情感场景的活现。因为有时候，分析师的确可能因为其他原因有这些感受，例如，刚好在和这个病人开始治疗之前，分析师想处理和自己"对着干"的孩子们的关系。反移情通常是值得怀疑的，因为它会追溯到个人原因，而分析师确实需要谨慎，不能过于相信自己克服自身主观统感陷阱的能力。不过，情境是分析师"当下"感受的一个强有力的决定因素，这一原则依然成立，就如同其他人的所处情境也会决定他在那个时刻的反应。例如，任何经历过令人心痛的公路剐蹭的人都会发现自己多多少少想去指责另一方驾驶员，或者说，想去责骂对方。甚至可以说，这种想法出现得很自然。大多数人——即使只是在短暂的时间内——都能很轻易地进入配对角色与另一方互动，这就如同自然发生的角色扮演。同样，一个精神分析师也必然会有相同的直觉性反应。但这正是分析师的责任——去识别出这一瞬间出现的、和病人情感角色相关的假设，尽管分析师有可能暂时进入角色。如果分析师能够认清发生在自己身上的事，那么这就会是一个强有力的信号——虽然它并不是百分之百准确——指示出病人在关系中正在斡旋什么。

　　要想做到这点，分析师需要仔细地练习，以及对自身有足够的了解，例如，自己接受过充分的分析。虽然有时候，分析师可能没有意识到自己是如何进入某种配对角色的，但他也不是任由自身主观性所支配的。恰恰是他发现自己在扮演什么角色的能力能够帮助他更了解正在无意识层面进行的这场互动。

不过在这一技术性过程中，分析师还可以通过另一个信息来源了解病人的感受。这第二条沟通渠道就是治疗小节中呈现的现实材料。例如，一个梦可能描述了一个平行的故事，一个内疚的人被责骂——当然，梦境中这些角色很可能是经过伪装的。即使梦经过了伪装，但假若说这个梦讲述的是一个有着类似模式的故事，很接近分析师在互动过程中的体验，那么分析师现在就有了更多理由去推断这一共同的故事线和病人此刻和他在一起的心智状态有特定关联（Hinshelwood, 2017）。或者，我们也可以用弗洛伊德（Freud, 1917）的话来说，"它符合病人的某部分"。

无意识对无意识的沟通

我们在前文曾提到，投射性认同这个术语被用来描述一种情感互动过程，在这个过程中，一个人最早源自幻想的念头演变为情感接触，得到现实化，它也会真正侵入另一个人的内心，形成这个人某种特定的心智状态。某种特别的体验，甚至是不想要的某些自体功能都可能在这个奇怪的过程中得到交换。投射性认同这个概念最早被用来描述严重精神紊乱中的情况，不仅包括精神分裂症。然而，随着对这类临床现象描述的积累，威尔弗雷德·比昂（1959）提出了一种不同类型的侵入性互动过程。他称其为投射性认同的"正常"形式。这就是我们前面刚刚描绘的那种过程,即在一个分析小节中,分析师发现自己正在对病人无意识沟通的痛苦进行回应并试图修正它——或者是用言语来表达它,或者是(无意识中)支持病人使用某些防御性措施,又或者是卷入某种施受虐满足中。

比昂最早是在和一个病人的工作中看到了这种沟通性质的投射性认同。这位病人挣扎于某种难以管理的恐惧之中(Bion, 1959)。病人对分析师的要求似乎是,病人应该有机会将这种恐惧传递给分析师,这样分析师也能亲身体会其中滋味。这背后的想法似乎是,分析师应该知道怎么处理这些体验,也就是说,分析师应该能管理恐惧,并最终能帮助病人去自行管理这些感受。可以这样形容,分析师需要首先纳入并消化这些情感体验,然后才能通过照护的态度,以可信服的意义将它返还给病人。

比昂立刻意识到,这一系列人际互动产生的效果也发生在母亲和婴儿早期、原始的互动过程中。当一个新生儿啼哭时,他会哭得越来越猛烈,就好像越发坚持要有人来照顾他一样。但是,他在这里所需要的不仅是一个照顾者在场。接下来是比昂对他这个最初直觉的首次论述:

> 这个分析情境给我带来这样一种印象——仿佛我在目睹一个极为早期的情景。我感到病人在婴儿期体验过母亲尽职尽责地回应他的情感表达。但这种尽职的回应中包含了一丝

不耐烦，仿佛在说"真不知道这孩子怎么了"。我的推测是，要想去理解孩子想要什么，母亲应该不只是把孩子的啼哭当作对自己在场的要求。从婴儿的视角看，母亲应该纳入婴儿对自身正在死亡的恐惧，母亲应该能感同身受。这种恐惧是婴儿无法涵容的。他努力把这部分连同它在人格中落脚的部分都解离出去，并将之投射到母亲内部。一个能够理解到这点的母亲能够体验到婴儿正通过投射性认同处理的恐惧感受，与此同时，她又能保持一种平衡的视角。

（Bion，1959）

从婴儿的角度看，照顾者应该做一件非常特别的事情。作为新生儿，婴儿会有一些自己无法掌控的体验。同时，他除了哭喊之外，也没有什么有意义的方式来表达。我们可以说婴儿的吼叫是"蓝色谋杀"①，这是种很方便的说法，因为死亡的确似乎就弥散在空气中；并不是说这时死亡对于婴儿有何意义，这里的死亡指的是那些完全无法管理的极度恐惧。如果说死亡弥散在空气中，那就是婴儿的哭喊造成的。但之后，它又会进入母亲内部。我们可以说，此时也发生了一次内摄，现在，母亲也体验到了宝宝的死亡——她认同了宝宝的心智状态。婴儿那无形、无法赋予意义的恐惧侵入母亲，母亲则给予它形态——"宝宝要死了"。

---

① 原文是"scream blue murder"，字面意思是"喊叫蓝色谋杀"，含义是"因痛苦、恐惧或愤怒而大声喊叫"。该短语是法语语气助词"morbleu"的变化。——译者注

母亲无疑很有办法，至少足够有资源到能告诉自己，现在宝宝需要喂食；只有她不去喂养宝宝，任由其挨饿，宝宝才会死去。以这种方式，母亲的心智能够接住恐惧、感受恐惧，但也能知道或至少能猜测可以对此做些什么。这就是比昂假设的条件，即母亲应保持一种平衡的视角——平衡指的是，一方面可以感受到极端恐惧，另一方面又能以某种肯定、恰当的想法中和其感到的恐惧。如果母亲足够明智，她定会找到正确的解决办法，这样，当她给婴儿喂奶时，婴儿就不再体验到那种造成无法赋予意义的恐惧的饥饿感。母亲通过给孩子喂奶，根本性地扭转了婴儿的内部状态——从开始的饥饿感转变为身体上的满足感。

比昂以他惯有的创造性注意到，虽然母亲内摄了婴儿体验到（并通过哭喊释放）的事情，但母亲的内摄物之后又会通过奶水的形式被婴儿再次内摄回去——妈妈的奶水以一种非常躯体性的形式（通过乳头）投射给婴儿。如果母亲反复如此，并在大多数情况下理解到婴儿的需要，那么随着时间推进，当这种情形发生足够多次数后，婴儿就能够在自己的心智中对感觉赋予某种意义（之前，这些感觉是无法掌控也不具有意义的）。这样，婴儿就不仅将躯体层面的解决办法——奶水——纳入（内摄到自身），也将一种真正在心理意义上解决问题的能力内摄到自己刚刚开始萌芽的心灵，无论这种能力现在有多么微弱。

在这个过程中，存在一些假设——比昂并没有明确指出这些假设，因为直接做出这些假设似乎是合理的。首先，哭喊是某种我们只能称其为"恐惧"体验的信号。其次，哭喊反射必定有内部源头。它贮藏于基因中。和基因同样重要的也许就是母亲对哭喊的回应了。在生完孩子后，母亲的确在一段时间内对啼哭的婴儿有着高度敏感性；而且她们对自己婴儿的啼哭感受极为灵敏。也许对于我们所有人类而言，婴儿的哭喊都是一个尤为引起警觉的信号。比昂将这种特殊的母性关注力和敏感性称为母亲的遐思。

此外，身体层面的摄入与排出和心理层面的内摄与投射之间似乎存在着现成的对应关系。而且这些过程——身体的也好、心智的也好——从出生后最初时刻起就似乎在不同人身上都有着类似的呈现。这些内在过程就和吮吸反射一样自然，虽然吮吸反射肉眼可见，但其实它和这些内部过程一样，都来自基因。

这就意味着，投射性认同这个过程在生命早期就相当普遍了，它或多或少地参与了一个新心灵的发展。从这个意义上讲，这是一种正常的投射性认同形式。不过，它仍然具有防御性质，这是因为它是一种排解掉无法管理的体验的方式，但这种方式又让这些体验慢慢变得可被掌控。这样，它也成为一种将这些体验表达给客体——例如母亲或分析师——的方式。

比昂对心智发展早期过程的描述来自他在精神分析治疗过程中与病人互动中的直觉性获得。因此，他并不难将这整个母婴模型再反过来运用于精神分析进程，提出精神分析也如同母亲帮助婴儿心智发展一样使病人受益。换言之，如果说精神分析治疗从某种意义上讲是心智发展的话，那么我们可以将其视为分析双方在投射和内摄、无意义转化为意义的循环往复间逐渐发生的。

这一涵容性互动过程就成为精神分析师看待母婴早期互动的一个范式。

> 可以这样描述婴儿和他母亲的关系：当婴儿出现无法容受的焦虑时，他的应对方式是将其投射给母亲。母亲的回应则是承认焦虑，并尽其所能来缓解婴儿的痛苦。在婴儿的感知中，他把某些无法耐受的东西投射给客体，但客体有能力涵容和处理它。之后，婴儿再次内摄回他最初的焦虑，只不过此时的焦虑因为被涵容过所以被修正了。同时，婴儿内摄了一个有能力涵容和处理焦虑的客体……但是，母亲也有可能无法承受婴儿投射来的焦虑，这样婴儿就可能内摄回比之前投射出去的更为恐惧的体验。

> （Segal，1975）

在前文中，我们试图以精简的方式来描述精神分析治疗以及在婴儿出生后母婴的详细互动过程。婴儿的体验是，哭喊的行为等同于将某些心智或身体的痛苦或毒素从自身系统强行排出。当婴儿感受到他的体验现在可以被承受时，就可以将这一体验再次纳入自身并理解这个体验，如他饿了。在西格尔的描述中，这就是对他体验的再次内摄；但不仅限于此，婴儿同时吸纳了一个自我功能，即在未来能够判断出某种特定的感受意味着他饿了的能力。也就是说，他不仅内摄回他哭喊的意义，也内摄了最终能自己识别意义的能力。在纳入母亲的理解能力时，他自己也获得了这个功能，这将提升他整个人的能力。这样一点一滴地，通过和有能力理解和涵容他体验的母亲的互动，他就能够逐渐构建起自己的心灵了。

小结

精神分析治疗的目的是帮助病人理解他和客体建立的典型关系。这样的目的建立在涵容模型之上：分析师的理解，就如同母亲的理解一样，可以被病人内摄，因此他就能够涵容自己更多的体验，也就拥有更多的人格层面，进而形成一个更丰富的个人身份同一性。病人也就不会那么轻易地去以早期、原始的方式使用客体。分析师帮助病人重新发现自身身份同一性中的那些面向，促进病人在一定程度上整合自身，如此，病人也就无须使用客体来作为自己身份同一性的一部分了。

比昂的容器-容纳物理论直接发展自克莱茵的投射性认同概念，这一理论澄清并强调了分析师心智保持接纳的必要性以及它的涵容角色。那么，心智涵容能力背后的过程都是什么呢？精神分析理论和实践就此又会有何发展变化呢？

第二十章　思想找到思想者

关键词

· 思考理论　　　　· 阿尔法功能（α功能）

· 阿尔法元素（α元素）· 贝塔元素（β元素）

· 反移情

　　自从认识到分析性治疗中涵容功能的重要意义，克莱茵学派就开始在理论发展中更为关注分析师的心智如何管理、代谢病人粗糙的情绪体验这一重要过程。在20世纪60年代末至70年代期间，威尔弗雷德·比昂建立起一个思考过程的理论。硬币的另一面则是分析师该如何处理一个小节中的体验。艾尔玛·布雷曼·皮克（1985）的一篇重要论文澄清了分析师在心智中涵容、消化并"修通"病人投射来的情绪的重要意义。这进一步帮助人们从精神分析的视角去理解心灵的精神病性过程。

那么，本章神秘的标题——思想找到思想者——究竟是什么意思呢？

威尔弗雷德·比昂追随弗洛伊德和克莱茵的脚步，建立起一个关于心智及其运作方式的模型——这个模型使思考理论凸显出来。弗洛伊德在他题为《论心理机能的两条原则》（1911）中描述了我们的心智是如何看待外部与内部现实的。他展示出，我们都有两种倾向性：一种倾向性是我们希望事情都按照我们的意思来，可以不管不顾——这就是快乐原则；另一种倾向性是我们按照现实要求来感知事物〔例如，当缺少什么的时候，我们感到挫败，即刻满足不得不被延迟，直到缺少的事物（或某种形式的替代物）在现实层面出现时再去满足〕——这就是现实原则。可以想象一个2岁的孩子，他想和姐姐玩，但是妈妈却要求他去睡觉。现在，这个孩子需要暂停他愉快的玩耍去面对和母亲及姐姐的一次分离。作为成年人的我们，有时候也会在求而不得时感到灰心丧气。可能我们必须要工作、存钱，或要去帮助某个因无法立刻满足愿望而感到气馁的人。这意味着我们和我们所处的现实保持着接触。

现实原则同样适用于我们的内心世界和对不同感受、想法的识别——有一些感受、想法会导致我们愤怒、难过或焦虑。此外，我们的心智并不总是想要看到痛苦的现实的，因而会采取不同的防御策略。例如，弗洛伊德发现，当一个小婴儿感到饥饿，必须等待被喂食时，就可能会出现乳房和嘴里有奶水的幻觉体验。当然，如果真正的食物不出现的话，这种策略只在短时间内有用。比昂也认为这样的挫败是开启思考过程的一次冲动（一个刺激）。例如，它可能按照接下来的方式进行：当母亲不为我提供食物时，这种体验就必须被我的心智来管理，这样我才能思考这个体验。比昂观察到，当出现挫败时，个体就会出现一个原始的想法。如果这个过程遭到干扰，那么个体就可能出现各式各样的心理障碍。

　　阿尔法功能在病人觉知到的感觉印象和情感体验基础上工作，无论这些感觉印象或情感体验是什么。只要阿尔法功能可以成功运行，就会生产出阿尔法元素，这些元素可以被贮存，并满足梦的思维的要求。但如果阿尔法功能受到干扰而无法运行，那么病人觉知到的感觉印象、体验到的各种情绪就仍然维持在未被改变的状态。我将其称为贝塔元素。

（Bion，1962）

　　比昂使用数学语言来抽象地建构这些概念。他想要将这些过程系统化，并试图回避已有的精神分析术语。他认为，描述应保持中立。当心智要通过思考而非实施或接受一个令人满足的行动来应对挫败性体验时，心智就会动用一个被比昂称为心智的假设性功能——"阿尔法功能"。这个功能的任务就是去处理主要来自感觉器官的原始的、粗糙的情感体验，例如肚子里的饥饿感，然后将它们翻译为他命名的"阿尔法元素"——例如一个想法，

"我饿了"。这来自涵容的一个发展。在上一章中我们讨论了母亲如何修改婴儿的恐惧，而这种修改正是比昂提出的抽象及假设性的阿尔法功能的具体体现。

如果使用身体性语言来描述的话，那么我们可以说一个来自某一感觉器官的体验必须被"消化和代谢"，才能成为情感体验的砖石，之后才能被进一步用来参与到其他心理过程中，例如做梦、创造象征性意义、记忆或语言运用。这样，比昂也像弗洛伊德那样描述了我们进入象征意义世界的过程。在这个世界中，我们可以在头脑中操纵各种情境、解决问题、从经验中学习并将学到的存储在记忆中为后来所用——无论我们所面对的这些问题是现实问题还是情感问题。但是未经处理的体验无法被用来进行这类学习；比昂就将这种未经处理的感觉数据称为"贝塔元素"。

贝塔元素在没有被转换为阿尔法元素之前是无法被理解或使用到其他心理过程中去的。它们是行动的材料，特别是当它们太过于痛苦时，思维被阻碍并导致情感"行动"。它们只能以投射的方式被驱逐出心智，或者它们会无序堆积，形成比昂所说的"贝塔屏障"，它类似于一个假性梦境状态，常见于精神病患者。未经消化的贝塔元素可以导致严重的情感紊乱。下面是比昂对一个男性病人的个案概念化，这位病人遭受着没完没了的惊恐发作并无法入睡。

　　我的理解是：这个睡着的病人感到惊恐，因为他不能有无法醒来的噩梦，也不能睡去；他自此就有了心智消化不良。

（Bion，1962）

比昂这里谈的就是贝塔元素淹没心智的情况。这些贝塔元素不能被体验，也不能被加工为梦、叙事故事，而只能被感受为一种扰乱。

阿尔法功能的概念和涵容的概念紧密关联，它也是人际互动能力的组成部分。回到前面提到的母婴场景——母亲察觉到婴儿的情感状态，并帮助婴儿排解掉这些被高度唤起的体验。这些体验必须被母亲所涵容，而分析师也以同样的方式涵容病人的体验。

比昂又描绘了另一种临床情境，病人将他的分析师感知为一个有阻碍的、无法触碰的客体——就像一个拒绝接收宝宝沟通信息的母亲。这里的关注点是言语沟通。

在一些治疗小节中，究竟是什么让客体变得令人无法忍受渐渐清晰。看起来发生的事情是：我，作为分析师，坚持要以言语沟通的方式来呈现病人的问题。这样事情也开始明了，即当我被认定为阻碍力量时，我无法忍受的是病人的沟通方式。在治疗的这个阶段，我的言语沟通被病人感受为对他沟通方式的摧残和打击。从这里开始，展现出病人和我的联结就在于他使用投射性认同机制的能力这一点就只是时间问题了。也就是说，他和我的关系以及他从关系中获益的能力就在于他有机会能解离掉心智的某些部分，并将它们投射到我的内部。

（Bion，1958）

艾尔玛·布雷曼·皮克提出要关注分析师在分析小节中被唤起的情感体验。她注意到，病人无法消化的体验会通过激发分析师产生某些相关体验来表达给分析师，它们也可能导致各种"冲动"反应。但是，如果分析师能够成为这些未被消化的"想法"的思考者，这个过程就可以成为分析师临床实践中的一个工具。

我认为，在弗洛伊德的镜子比喻和分析师如同外科医生的比喻中，暗含着这样一个观点，即要想照顾好病人的无意识，分析师自身的情感应该被抛掷到九霄云外。这种态度的结果就是分析师对一些重要领域视而不见，或者当被解离出去的情感返回时，出现"野马脱缰"般不受控制的见诸行动的危险。幻想这些被解离的情感不会返回，与我们所抱持的心智理论是背道而驰的。

（Brenman Pick，1985）

换言之，分析师需要在治疗进程中监测自身的情感体验，但同时保持着对这些体验的接纳态度。她将这个过程称为"反移情中的修通"。只有当分析师足够理解自己的这些状态时，他才能够去了解病人困境中的无意识层面。这正是咨询室中建立咨询关系的本质所在。布雷曼·皮克提醒说，如果忽视、否认这些情绪，它们就会在分析中掀起波澜、导致混乱。

这样，分析师的心智就成为触碰并消化处理病人原始体验的基础工具。在临床实践中，这意味着分析师要成为病人自身尚无法思考的想法的思考者。

小结

心智内容、心智部分的人际间交换被用来细致理解精神分析过程：分析双方共同"消化病人的体验"以及病人逐渐发展出思考自己想法的能力。这些理论和实践的密切联系对于克莱茵学派而言裨益丰厚。

最早发轫于克莱茵对她小病人们焦虑的体验，这些结论至此不仅丰富了成人精神分析实践，也被运用到其他社会学科中。我们将在全书最后一章中去了解克莱茵学派理论对其他领域的影响。

那么，这些理论发展、临床经验都是被如何应用于其他学科中的呢？

第二十一章　都如何应用？

关键词

· 艺术创造力　　　　· 美学

· 内部种族主义　　　· 社会组织

· 虚假

本书到目前为止已经介绍了从克莱茵开始到她之后追随者们在精神分析领域中所做出的理论和临床发展，而克莱茵学派不仅开创了新的视界以帮助人们更好地理解心智过程并运用相应治疗技术，也对理解人类生活与活动提供了深刻的洞察。这些新的发现和理念也被卓有成效地运用到理解除病人—分析师互动的其他人类科学领域中。

那么，谈及克莱茵学派对其他学科理论和应用上的贡献时，在较短的篇幅内，有哪些例子值得被提出呢？

在上一章中，我们希望能帮助你勾勒出一个大致的图景，使你了解克莱茵学派实践者在精神分析思想和应用上所做出的一些发展。当然，我们只能挑选有限的几个主题，让读者们浅尝辄止，而没有篇幅将所有重要的发展一一道来。克莱茵学派的理论除了对临床工作有帮助外，还可以加深我们对艺术创造或诸如种族主义等偏见态度背后内部精神结构的理解，或促进对包括精神健康服务机构在内的组织生活内部动力的洞察。此外，还有一些作者运用克莱茵理论讨论气候变化、移民和政治活动的影响及态度。不过，鉴于篇幅有限，我们在此不会进一步展开这些主题。

艺术创造力和一个美学理论

梅兰妮·克莱茵通过一个小男孩的案例展示出象征形成的重要性。这个男孩过于焦虑，而焦虑情绪干扰了他使用象征能力的发展，因此在智力发育上出现失败（Klein，1930；见第十七章）。弗洛伊德本人对于象征的兴趣极为局限——他只是研究了无意识心灵内容中的象征，特别是梦的象征。但是克莱茵的一位追随者汉娜·西格尔相当合理地指出，"将'象征'的概念扩大，使其包括其他科学以及日常用语中对'象征'的理解，会有许多裨益……"（Segal，1957，p. 392）。

西格尔在介绍她和精神分裂症患者的工作中展示出拒绝现实会干扰到使用象征的能力。象征是一个很有意思的实体；象征就是用一个事物去表征另一个事物。我们通常不会把某个指代某物的词语当作它所指代的物品本身。通常，我们都有能力知道，象征并不等同于它所表征的事物，但我们又可以表现得似乎象征就是它所表征的事物。例如，我们观赏一幅风景画并感叹："啊，罂粟花地。"但其实，它并不是罂粟花地，而只是颜料和画布。这是一种"仿佛"能力，它也是所有文化生活的基础。当识别现实能力被干扰时，我们就无法以这种"仿佛"的方式来看待事物。因此，一个处于精神病性状态的人可能会将象征（或具有意义的事物）直接当成它们所表征的事物本身。

　　西格尔对于美学和创造欲望同样很感兴趣。她扩展了克莱茵抑郁位置以及修复、象征化等概念，进一步去理解我们人类的创造性潜能，以及为何有时创造力会像儿童游戏一样变得受到抑制。西格尔（1952）认为，创造的能力反映出一种很重要的情感能力，即承认自己的摧毁性冲动，面对自身破坏、毁灭、伤害的幻想（例如，当我们对某人非常愤怒的时候）。她接着指出，一个人之后又如何通过关心和照护来进行修复。这是一个修复理论——在我们的心灵中重建起我们伤害的事物，然后对现实中的他者表达这些修复意愿，这其中就包含了艺术创造。修复要求一定程度的情感成熟度，也就是前面章节（见第十一章）所提到的抑郁位置。之后西格尔（Quinodoz，2008）也补充说，偏执–分裂位置上的体验模式以及我们的攻击性也会以艺术作品的形式得到表达。大卫·贝尔这样描述西格尔对此的贡献：

西格尔将哀悼的能力——克莱茵阐述了抑郁位置上基本的内心挣扎，这大大丰富了我们对这一能力的理解——放置在艺术家创作以及观众产生美学反应的中心地位。艺术作品的美学深度来自艺术家（在抑郁位置上）面对因为感到伤害了其好客体而必然会产生的痛苦和内疚的能力。

另一方面，观众也因为认同了丧失和悲剧故事而被艺术作品所牵引。但是，不只是艺术作品的内容代表了一个人如何克服自身攻击性、内疚和担忧，表征行为本身也以一种创造性的方式将象征和被象征物连接在一起。

理解偏见与种族主义

梅兰妮·克莱茵对于那些破坏欣赏与感恩的人类负面特质的描述帮助我们更进一步地理解了人类是如何产生偏见，甚至发展到种族屠杀的。这种"我们—他们"的态度十分常见，而弗洛伊德（1930）也清晰地阐释了我们对具有突出特征的其他群体的感知会被投射所扭曲，这样，他们就代表了我们最糟糕的特点。

近期，法赫里·戴维斯（2006，2011）通过他和病人的工作展示出，一些人更倾向于卷入和他人摧毁性、歧视性的关系中。这类人格结构我们在第十八章中提到过；这类人格也是被病理性地组织起来的。戴维斯指出，这类人格会和社会授权的不平等、偏见信念组合，并产生一种"内部种族主义组织"。它似乎能以一种自主的方式存在于一个就其他方面而言还算健康的人格中，并且会在如和依赖、丧失、羞辱相关的深层焦虑出现时被动员起来。

戴维斯识别出种族主义反应建立起来的三个步骤，并提出它们和临床工作的关系：第一步是存在主体和他者之间的真实区别，例如口音、肤色等。第二步是将自身心灵中不想要的部分投射给另一方，这样，现在看起来是对方有这些自己不想要的特征或感受了。这两步之间会相互影响。到了第三步，在一些更为紊乱的人身上就会建立起一个内部组织、一个模板，它确保偏见持续存在："他们所有的互动都必须符合这个组织的要求，也就是说，他们必须不能脱离角色；以这种顺从才可能换来安全的承诺。"（Davids，2006）权力——高位或低位——关系现在被建立起来，而只要平衡不被例如对平等的要求打破，这个组织就会维持其隐形状态。当平衡遭到扰动时，就可能出现急性的而且通常是暴力的反应。

内部种族主义的概念有很广的应用价值，我们在下文中可以看到它在临床实践中的用处。

　　在他感到需要的时刻，组建"内部种族主义组织"的过程立刻启动，救他脱离因开始治疗而产生的无法承受的焦虑。它的第一个任务就是确保最初的投射，即将问题都丢到我这边，维持不变，也就是选择了（我们之间的）一个不同之处（见第一步），而这个不同之处符合外部世界的某种刻板印象。这就让他不必为这样的投射负个人责任……之后，规定我们之间该如何互动的内部模板也被设立起来；从根本上说，就是我要随时展现出我充斥着他的投射——我应该像一个碍事的、拖累人的人那样讲话，这就要求我不能被视为一个分析师，一个按照惯有方式工作并能根据他提供的材料自由思考、恰当回应的分析师……如果我违背了角色要求，就会引发他的攻击。

（这个概念）捕捉到了种族主义组织的两个不同方面：从内部来说，它如同一个病理性组织那般运作（Steiner，1987，1993），顽固地防御着偏执-分裂性焦虑以及抑郁性焦虑；然而，为了确保投射性认同有效，它又会密切关注着外部世界对于"差异"所赋予的社会意义。

（Davids，2006）

其他类型的偏见也可以被以这种负性防御组织的动力性理解。那些被称为"头脑发热"、唤醒他人偏见的人可能是面对这种自主性病理性人格组织时最脆弱的一群人，当他们遇到特殊应激时，这种内部组织就很容易被调动起来。

尽管说最为极端的反应和行为常常出现在那些更为紊乱的人群或群体中，但很重要的一点就是：要记得，这一理解的假设就是这类"不活跃"的防御结构很普遍地存在于人们心灵脆弱的地方。它也可能以惰性或精神"麻痹"的形式呈现，即面对他人的种族虐待行为时表现得事不关己。

团体与组织动力的工作

克莱茵学派理论也可以很好地解释其他社会现象。威尔弗雷德·比昂在成为精神分析师之前，就已经发展出一个团体动力的理论（Bion，1952），但他之后又在梅兰妮·克莱茵理论的基础上对其进行了修正（Bion，1961）。他在修正的理论中提出，团体行为是一种处理个体成员焦虑的手段。同时，他认为团体作为一个整体可以发展出集体性防御措施，这一观点来自克莱茵对精神分裂样机制的描述，但也可溯源到弗洛伊德的《团体心理学和自我分析》（Freud，1921）一书。团体成员内心世界如何以相同方式运作在艾略特·贾克斯（Jaques，1955）和伊莎贝尔·孟席斯（Menzies，1959）的著作中得到了讨论。他们基本的观点是，如果焦虑和冲突在团体中被分享，那么就会出现共同合作进行防御的机会和许可。贾克斯写道："个体可能将他们的内部冲突放置到外部世界的人身上，然后无意识地根据投射性认同的方式追随冲突的发展，并再次将感知到的外部冲突及其发展和结果内化到自身。"（Jaques，1955，pp. 496–497）这些研究进一步促成了组织咨询的一个特别分支（Trist and Murray, 1990），并且就其受众而言，它不仅仅是个商业组织。奥布霍尔茨和罗伯特（Obholzer and Roberts，1994）描述了诸多根据这些理论进行公共服务的组织——尤其是医疗机构——进行干预的案例。

精神健康服务的工作环境和职业要求对从业者施加了很大压力，所有在这一环境中的工作人员或多或少都会体验到对疯狂的恐惧以及对无法预测、毫无意义的暴力行为的担忧。这种态度的一个结果就是从业人员会小心地避免和病人有太多情感卷入，躲藏在精神健康专业工作者职业态度的神龛中，但这也会造成一系列后果（见Hinshelwood & Skogstad，2001；Hinshelwood，2004）。在这个领域的研究帮助人们更好地识别了医院组织内部动力的影响，并促进工作人员以良好的状态和韧性，更好地为病人提供服务。

对虚假和说谎的考察

弗洛伊德提出了现实原则，指出我们在承认外部现实和精神现实上存在困难；在此基础上，比昂进一步联系上克莱茵提出的人类的一种好学本能，并得出结论说，分析的功能是一种对真相的寻找（Aguayo，2016）。但是如果说谎成为一种重要的防御机制，以保护病人不感受到偏执性焦虑和抑郁性焦虑的话，情况又是怎样的呢？当代克莱茵学派分析师艾德纳·欧肖内西试图解决这一难题：

　　第一眼看去，一个说谎者对精神分析这种基于真实的治疗方式来说可不是个好兆头。因为说谎通过言语功能呈现，所以它似乎还是个相对成熟的困难。但是通过分析则发现，这是一种原始早期的困难，它指向了习惯性说谎者对于和原初客体沟通的疑虑与焦虑，因为这些原初客体由于种种原因成了说谎客体（lying objects）。并且不出所料，说谎也会给分析进程带来很多问题与困难。但即便如此，本文也将借助临床案例阐述如下观点，即如果在分析进程中，说谎的基本层面浮现出来的话，分析师若能理解到这其实是说谎者的一种表达，表达他认同了让他感到极为焦虑的说谎客体——在移情关系中这个说谎客体就是分析师，那么就有可能展开一段真正意义上的分析过程。

（O'Shaughnessy，1990）

　　这样，说谎现在被视为一种沟通形式，呈现出病人对其认同的一个内部客体形象所持有态度的一方面。这个内部客体有可能建立在一个真实家长形象的基础上，而它因其扭曲、编造事实的倾向性变得破损。

　　个体可以通过多种操作来伪装、否认真实，例如将知识的一部分分裂出去、攻击形成思维连贯性的重要联系、理想化、贬低等。但是这些又都能够在分析情境中活化并得到理解，而再次成为知识的一个源泉——这就和做梦或思考手头的材料并无二致。

格罗特斯坦诙谐地描述道："谎言无非就是揭示真相的另一种方式——'说真的，如果不通过谎言的过滤或镜片，我无法忍受真相！'"（Grotstein，2007，p. 150）

这种对谎言的理解依据的还是我们此前曾经描述过的将投射和认同视为具有沟通价值和功能的理念（见第十五章）。在分析内或分析外，这个沟通信息常常是，关于自身或他人的真相只有在被扭曲后才能被接受。

贝尔（2009）则提到将后现代相对主义运用到理解真实和现实上的困难，展示出外部表现和事物或现象的本质并不是一回事。

小结

正如在本章中一开始提到的，我们在此只能让读者浅尝辄止，领略克莱茵的思想和理论对于探索、理解上至艺术，下至欺骗等各种社会现象的贡献。

这些只是非常概括地介绍了克莱茵学派分析师如何运用对于人类无意识的认识，尤其是对深层无意识中原始机制的理解，来进一步探究人类日常生活和社会交往中的各种行为。

第四部分总结

在本书最后一部分，我们概括地介绍了克莱茵学派在梅兰妮·克莱茵逝世后近半个世纪中的发展。克莱茵留下的传统和遗产被她在20世纪50年代密切合作的同事们所继承。克莱茵在20世纪40年代遭受了一次重创，在精神分析学界也失去了原创性思想家的声誉，自此，克莱茵学派开始朝内反思。之后，学派试图巩固、保存并进一步发展克莱茵贯彻一生的创新性及其在开创的理论和方法中的体现。并且，克莱茵学派就此获得了显著成功。

克莱茵学派在20世纪60年代的发展涉及面相当广泛，这和弗洛伊德的工作相似，因为一个关于人类心理的精神分析理论必然会对多种人类科学产生深远影响。在过去的二十多年中，世界范围内都出现了对克莱茵理论的新兴趣；这也和经典精神分析理论日趋干涸、日渐式微有关。精神分析理论中的新观点日新月异、层出不穷并广泛流传，尽管说测试这些新理论解释力的方法到目前为止还不甚完善。可能恰恰是因为测试力量还相对薄弱，新理论才会不断出现。对于克莱茵思想兴趣的再次复苏，人们的一个主要顾虑就是匹配性问题，因为克莱茵本人认为她的概念框架不同于其他学派。这样，这些理论的兼容性受到限制。梅兰妮·克莱茵认为她对于无意识中原始、"深层"的考察和经典精神分析描述的无意识中的神经症水平并不能被轻易地整合在一起。事实上，她可能会认为她的理论更贴近精神病学，而非精神分析的某些学派。

进一步阅读建议

精神分析临床与文化

Segal, H. (1977) *The Work of Hanna Segal: A Kleinian Approach to Clinical Practice*. London: Jason Aronson.

Segal, H. (1997) *Psychoanalysis, Literature and War: Papers 1972–1995*. London: Routledge.

Bell, D. (ed.) (1999) *Psychoanalysis and Culture: A Kleinian Perspective*. London: Karnac.

Riesenberg-Malcolm, R. (1999) *On Bearing Unbearable States of Mind*. London: Routledge.

种族主义及偏见

Davids, M. F. (2011) *Internal Racism: A Psychoanalytic Approach to Race and Difference*. London: Palgrave.

与团体和组织的应用工作

Bion, W. R. (1961) *Experiences in Groups and Other Papers*. London: Tavistock.

Bion, W. R. (1970) *Attention and Interpretation*. London: Tavistock. Obholzer, A. and Roberts, V. Z. (1994) *The Unconscious at Work: Individual and Organizational Stress in the Human Services*. London: Routledge.

Hinshelwood, R. D. (2004) *Suffering Insanity*. London: Routledge.

移民、政治与气候变化

Weintrobe, S. (ed.) (2012) *Engaging with Climate Change: Psychoanalytic and Interdisciplinary Perspectives*. London: Routledge.

Varchevker, A. and McGinley, E. (2013) *Enduring Migration through the Life Cycle*. London: Karnac.

Pick, D. and Ffytche, M. (ed.) (2016) *Psychoanalysis in the Age of Totalitarianism*. London: Routledge.

术语表

这里收录的是克莱茵及其后继者提出的术语的简短解释。它们基于对弗洛伊德作品和术语的基本理解。更多的介绍可见如下著作：关于弗洛伊德的文献，Rycroft, C.（1972）的《精神分析关键词词典》（*A Critical Dictionary of Psychoanalysis*）是相对基础的文本，而Laplanche, J. & Pontalis, J.- B.（1973）的《精神分析的语言》（*The Language of Psychoanalysis*）更为学术，也是通用参考资料；关于克莱茵的文献，你在阅读本书之后可参考Hinshelwood, R. D.（1991）的《克莱茵思想词典》（*A Dictionary of Kleinian Thought*）以及 Spillius, E. B. et al.（2011）的《克莱茵思想新词典》（*The New Dictionary of Kleinian Thought*）。

焦虑（anxiety）：克莱茵理论起始于对焦虑起因的理解。克莱茵注意到她的儿童病人会担心自己对其他人，尤其是父母的感受。焦虑因而是一种次级（second-order）感受。它是针对各种感受，尤其是爱、恨感受（见第三章和第五章）的感受。这种理解不同于经典精神分析。在经典精神分析中，焦虑来自挫败的累积或未被满足的本能需要。弗洛伊德之后描述了信号焦虑，这个概念更接近克莱茵的理念，因为信号焦虑是一种对情感危险的感受或警告。对于焦虑的不同理解来自对于本能的不同理解（见本能理论）。

抑郁位置（或"抑郁心位"，depressive position）：婴儿到了3～6个月大的时候，开始觉知到自身体验中的一些复杂情况，即一个他或她爱的人也可能是其挫败感受的来源。这部分来自远距离感知觉，尤其是视觉的发展。婴儿注意到母亲或某个照顾者没有来照顾自己的需要，因而从更为原始的偏执–分裂位置（见"偏执–分裂位置"词条）角度讲，母亲或照顾者就成为一个既好又坏，既被爱着又被恨着的客体（见"好客体、坏客体"词条）。只要个体内部包含着一种好客体，而好客体能提供内部支持的感觉，那么这种新的混合感知就是危险的。此时，内部支持感被恨意所威胁。同样，自信的核心遭到损害，"自体"感到不再安全。接着，从矛盾（两价性）情感中便会生发出新的担忧，这种担忧又会进一步形成内疚和修复。和在偏执–分裂位置上不同，一个在抑郁位置上的人能够在心灵中同时保有一个客体的两种形象（好的和坏的），无论这多么令他或她苦恼（见第十、十一章）。需谨记的是，我们所有人在某些时候都可能会以两极化的视角看待世界，认为它非黑即白而忽视了其复杂性。这种情况在重压下会更为普遍地发生（见"内部客体""内疚""修复"词条）。

自我（ego）："ego"（自我）在英文中其实是弗洛伊德作品英文翻译者新造的词语。克莱茵最早在讲德语的布达佩斯接受精神分析训练。在德文中，弗洛伊德使用更为日常化的词

"Ich"，即主语的"我"（I），来指代"自我"。因此，在德文中，这个术语更具有个人化和存在主义意味。克莱茵则倾向于保留这层含义，即便在她使用英文的"自我"时。她在英文写作中，常常会在其他人可能会使用"自我"（ego）的地方使用"自体"（self）。这突出说明克莱茵并不区分看待病人的技术性视角和出自病人的更具体验性的视角（见第九章）。

嫉羡（envy）：尽管好的、赋予生命的客体被爱着，坏的、危险的客体被恨着，但有时候这两种内在反应会变得含混不清。嫉羡指的就是好客体被恨、被攻击——恰恰因为它是好的！它会引发最为有害、最具有惩罚性的内疚感。在生命极早期，当一个人的自体感还不稳定、不确定时，当一个人不知道自身到底是好是坏时，一个外部好客体的出现就可能形成一种威胁，有可能让自体陷入阴影。这个外部客体现在不仅是生命的支持，也成为一种好和良善的具有淹没性（甚至导致羞耻感）的存在（见第十六章）。

内疚（guilt）： 内疚感来自负性感受以及想要攻击一个被爱、被需要的客体的愿望。这个客体可能在幻想中被伤害或被杀害，也许是因为主体的嫉羡，或者因为主体在抑郁位置上看到好客体也有坏的一面而产生了矛盾情感（见"抑郁位置""内疚""超我"词条）。内疚可能带有严苛、惩罚性的态度（见第十四、十五、十七章），也可能带来赎罪和修复的态度（见"修复"词条；见第十一章）。

本能理论（instinct theory）：克莱茵远离了弗洛伊德采纳的本能理论，也远离了古斯塔夫·费希纳的心理物理学，这也意味着她相当彻底地脱离了经典精神分析。克莱茵从未使用甚至从未提及心智的能量模型，她也从来不使用"精神能量"或"经济学模型"这些术语。不过，她会以自己的方式来使用"本能"这个词（见第三、四章）。考察克莱茵的受教育经历，她并没有继续上大学，她更偏向文学和人文学科；在她哥哥不幸早逝后，她也出版了一本他的诗集。这些倾向性决定了她更为关注个人体验及其叙事，她也在发展儿童分析技术的过程中，通过儿童游戏轻易地捕捉到这些叙事形式（又称"游戏技术"，见第五章；见"自我"词条）。因此，她认为内在生物驱力在心灵中以叙事幻想的方式呈现（见第八章）。

内部客体（internal objects）：天生固有的本能性资质也有着对应的心智表现。来自身体和远距离感受器的感觉指向各种需要及可能的满足渠道。同样来自先天的就是对这些需要和满足赋予的一些原始意义。不舒服的身体体验会被感受为有个人或有什么东西存心要制造不适感。它被自然感受为一个"坏"客体。同样，舒服、满意的身体状态唤醒一种有个人或有什么事物希望提供满足的感觉。因为这些体验都来自身体内部，所以这些具有意图性的客体也被体验为是个体内部的。对这些身体状态的诠释中包含了某种本能性的元素，而这在克莱茵看来就等同于本能理论（见"本能理论""抑郁位置"词条；见第四章）。

克莱茵式技术（Kleinian technique）：克莱茵的临床方法开始于她发展的儿童游戏治疗技术（见第五章）。她观察到游戏中呈现的叙事故事，并用言语来为儿童病人表达这些故事的内容和无意识意义。当然一开始，她更关注和俄狄浦斯情结相关的叙事。之后，克莱茵转向和成人的工作，而此时她表达的叙事则关乎病人心灵中的思想和感受，这些思想和感受就如同儿童游戏中的玩具一样彼此互动。观察展示出，游戏室中的玩具和心灵中的思维似乎有着共通之处，两者间的联系看似相当自然。而且，思维以及彼此间的互动可被外化（投射）到外部世界中的玩具和客体上（见"无意识幻想"词条；见第七、八章）。

从1946年起，克莱茵开始探索心智客体（现在被称为内部客体）如何根据幻想彼此交互，她（以及之前的亚伯拉罕）此前将这些幻想和原始防御机制做了关联。在梅兰妮·克莱茵逝世后，克莱茵学派的临床技术又有了长足进步，这一部分要归功于威尔弗雷德·比昂提出的"涵容"概念（见第十九章），他澄清了心灵间人际互动的本质，而这也影响到对临床设置中移情和反移情的理解。

作为人的客体（objects as persons）："客体"这个术语很不幸地带有"物品"的含义。但是在精神分析语境中，客体是一个人关联的对象。这就类似一句话中的"宾语"（object）。弗洛伊德认为，一个本能包括一个源头、一个目的和一个客体，而"客体"在个体心理学中的使用更为模糊了这个概念；但是，在精神分析客体关系理论中，"客体"指的是类似自己的另外一个人，另外一个心灵。有时候，使用"他者"会更加清晰一些，毕竟这个词更明确地指代人（见第四、八章）。

好客体、坏客体（object-good/bad）：在心智发展最早期，婴儿的心智运行在不切实际的感知形式上，而感知方式受到幻想（弗洛伊德在1909年称之为"幻想的全能性"）的影响。一开始，感知觉只有很少的维度：这些感觉要么在个体内部，要么在个体外部；或者，它们要么具有善意，要么具有恶意。根据客体意图对客体进行划分被称为对客体的"分裂"。客体要么全好、要么全坏，而如何归类则看婴儿感觉舒服还是不舒服（见"内部客体"词条）。这样，客体就变得要么全好要么全坏了。这种分类很难被舍弃，尽管说没有什么是完美的，而且的确没有什么是"全坏"的。虽然感觉器官感知现实世界的准确性不断提升，但准确感知只能被缓慢地接受，因为对坏客体的恨及恐惧混杂上对好的、令人满意的客体的爱和感激之后会带来强烈的情感痛苦。

俄狄浦斯情结（Oedipus complex）：弗洛伊德认为，俄狄浦斯情结的三人情境是一个人构建他人世界的基本模板。他提出，儿童在生命头2～4年中发展出以这个模板看待和理解世界的方式。克莱茵在职业生涯初期接受了这个理论，不过她很快又在生命极早期看到三元关系模型的证据（见第五、六章）。最终她还是认为，生命初始的婴儿只有对好客体、坏客体的感知（见"好客体、坏客体"词条），这一原初分类形式之后被用来勾勒父母伴侣和自体的关系，具体形式则依据每个孩子独特的发展过程而定。因此，俄狄浦斯情结是修通抑郁位置、整合分裂的好、坏客体的一部分。

克莱茵花了大量精力去理解每个孩子修通三元情境的不同方式以及性别对典型防御幻想的影响。她弥补了弗洛伊德对性别差异相对薄弱的理解，进一步填补了这方面的空白。

偏执-分裂位置（或"偏执-分裂心位"，paranoid-schizoid position）：儿童在视他人为好的或坏的之间摆荡。换言之，客体有自身好的或坏的意图，这从儿童在玩具游戏中和玩具的互动以及用玩具和其他客体或玩具互动的过程中可以看到。这是一个"好"与"坏"极化的世界，而儿童正是以这种夸张的方式看待世界的（有时候成人也会如此）。客体可能并不稳定，会从好的变成坏的，或者反过来从坏的变成好的；随着发展继续，这会引向抑郁位置的问题。偏执-分裂位置中将事物划分为要么好、要么坏被称为对客体的分裂——指客体好的部分被当成它的全部，或者它坏的部分被当成全部。这样乍一看，一个有好有坏的客体就会被视为两个客体——一个好客体和一个坏客体。这会引发相当强烈的纯粹感受。具体而言，带着伤害、杀戮意图的坏客体会引起极大恐惧，而很小的孩子可能会以梦魇、夜惊的形式表达这种恐惧。同样，期待婴儿存活并茁壮成长的好客体则会让婴儿感到极强的幸福感。

这种极化不可避免地让儿童关注到自身爱与恨的能力，儿童也会发现自己的不同反应彼此间是矛盾的。对此的解决办法就是类似的对自体的分裂。随着儿童逐渐成熟，这会演变为将自体的某些被感知为不好的部分解离出去，这也通常意味着解离掉现实感知事物，尤其是现实感知自身的能力。例如，为了扔掉内疚感，负责任的能力也一并被丢掉。

内疚也可以被用来很好地展示偏执-分裂位置的另一个重要特征。当一个人回避对某件事的内疚感时，他其实也在解离掉自己的良知，然后他就可以归咎于其他人。用更通俗一些的心理学语言讲，就是这个人在进行"反指控"，将罪疚推给其他某个客体（有时候甚至就是他们伤害的那个客体）。这是众所周知的投射性认同的过程（见"抑郁位置"词条）。

病理性组织（pathological organisations）：继克莱茵之后，她的追随者们开始试图描述她提出的原始机制（1946年，被称为精神分裂样机制）可能以怎样的方式形成一个稳固的结构。它们分别被称为防御性组织、精神撤退以及病理性组织（见第十八章）。这依据的也是弗洛伊德在他对性癖好的描述中（1927）提出的观点，即自我的每个部分都可以彼此孤立并使用不同的防御机制。在某些人身上，这些病理性组织是他们人格中的显著部分。为了应对爱、恨感受的汇合，自我以相当持久的方式分裂，这样人格中就出现了一个消极自我和一个积极自我，尤其是在压力情境中，它们彼此水火不容。通常而言，代表着高人一等和嫉羡的摧毁性感受压制着自我爱和感恩的一面，这样，整个人都保持着一种对他人高高在上、漠不关心的态度。有着这类人格特征的病人一般很难治疗，他们对治疗师试图调动其积极自我的努力不屑一顾、嗤之以鼻。这些防御性组织主要通过否认和蔑视人类诸如照顾、支持和爱的基本需要的方式来防御抑郁性和偏执性焦虑体验。

投射性认同（projective identification）：克莱茵最重要的理论贡献就是她对精神分裂样机制或原始防御机制的描述，这包括了自我分裂、投射、内摄和投射性认同（见第十五章）。这些机制和偏执–分裂位置关联，它们因为个体要处理关乎自身存亡和身份的焦虑而活跃。虽然之前卡尔·亚伯拉罕相当充分地研究了投射和内摄（Abraham，1924），弗洛伊德也详细阐述过自我的分裂（Freud，1927，1940），但梅兰妮·克莱茵（1946）强调的是这些机制的客体关系面向。投射性认同是一种机制，也是一种幻想，通过它，自我的某些部分被放置到另一个人那里。这是一种重要的对客体的使用，一开始带有攻击性意图。个体以不同方式、因不同目的侵入他人，将自我中出现痛苦体验的那些部分抛掷出去。这个过程常被称为排空。并且，这个过程不可避免地会带走自我的某些功能，克莱茵指出，这会导致自我的削弱与贫瘠。

在克莱茵之后，很多人继续对这个概念进行研究，并提出了许多不同变体形式。有趣的是，这个概念可说是克莱茵最著名的发现，其他学派的分析师们也会证明这一机制的存在。不过就克莱茵学派而言，后继者对这个概念所做的最重要的补充就是指出，投射性认同不只是一种侵入他人的排空过程，它也具有沟通意义，试图提醒他人自己所遭受的无法忍受的痛苦（见第十九章）。婴儿会哭喊，母亲就会感到焦虑，母亲的焦虑中既包括自身的焦虑，也裹挟着大量来自婴儿的焦虑（见第十五章）。

修复（reparation）：抑郁位置上的挣扎意味着一个人要处理伤害好的、被爱的客体，让其陷入危险的焦虑。恨和嫉羡感受弥漫，导致幻想中被爱的人遭到伤害（见"抑郁位置"词条）。一开始的处理方式往往具有惩罚意味。超我——如果那时候可以这么称呼它的话——是偏执–分裂位置上"坏客体"的衍生物。随着抑郁位置上对被爱客体的担忧进一步稳固，就会出现一种新的渴望。现在取代惩罚，个体要求自身做出修复和弥补。这被克莱茵称为"修复"。这种渴望是生命动力和创造力的一个重要源泉（见第十一、二十一章）。

超我（super-ego）：在生命非常早期，超我倾向于极为具有迫害性，且沿着和坏客体相关的恨和恐惧发展。事实上，超我正是来自这个伺机伤害的迫害性客体。抑郁位置带来的发展一开始是自我被这个惩罚性的超我所面质，要求以牙还牙、以眼还眼。但随着一个人逐渐修通抑郁位置，其焦虑和内疚的性质也会发生变化——之前是对伤害性惩罚的恐惧，现在是要求补偿、赎罪和修复。承认造成了伤害并产生修补意愿的能力是修复这种成熟心智状态的体现。克莱茵认为将爱的客体重新放置在一个更好的状态中是迈向成熟的重要一步。它意味着一个人不再必须使用那些防御迫害性恐惧（来自偏执–分裂位置）或防御严格、苛责超我的手段了。替代性、代理性的修复是人类创造性的一个主要成分（见第六、十七章）。

象征形成（symbol-formation）：象征的本质就是一个事物被任意地用来代表另一个事物。因为象征的现实就是它并不是它所代表的那个事物，因此象征具有非病理性错觉的功能，即它是"正常"的错觉。克莱茵一开始认为这是置换过程导致的一个结果，弗洛伊德在阐述梦的工作时提到过这个部分（Klein 1930）。弗洛伊德的观点是，梦中的象征被用来遮盖象征背后的意义。但是，这并非日常生活中象征的重要特征；在日常生活中，象征被用来表达一个明确的含义。因此，弗洛伊德认为梦背后的动机是某种焦虑，通常属于某种俄狄浦斯期焦虑，导致个体各种态度和感受被迁移到一些完全不同的人或事物身上。所以人们就会见到对一个重要客体的感受被置换到一个相当无关紧要的替代者身上。克莱茵认为置换的驱动力和攻击性关系更加密切，个体感到有必要保护被爱的客体不受伤害，就转而使用另一个并非为挫败感源头的客体。

克莱茵的一位追随者汉娜·西格尔通过考察精神病状态中象征形成出现差错的情况来研究更加正常的象征化。在对此的研究中，西格尔展示出异常情况就发生在作为象征形成基础的错觉

（illusion）消失，取而代之的是一种象征就是被象征物的妄想（delusion）时。她认为，从"两个不同事物相等同"的错觉坍塌为"象征等于被象征物"的妄想是投射性认同的结果（见第十七章）。

无意识幻想（unconscious phantasy）：梅兰妮·克莱茵事业的初始就是使用她的游戏技术。儿童使用游戏玩耍出他们的故事。自然，克莱茵对于心灵的建构也会沿着有生命客体彼此互动形成的叙事来发展。因此，无意识并非一个吱吱冒烟的能量池——各种能量试图得到发泄，而是一个充斥着恐怖叙事或愿望叙事的复杂结构。有一些叙事在一定程度上来自先天，其他的则是在对原始叙事衍生物的逐步加工中形成的。克莱茵将它们称为"幻想"（phantasy），她给了"幻想"这个词不同的拼写方式以强调这些无意识叙事不同于更为意识化的白日梦幻想（fantasy）。克莱茵接受了亚伯拉罕的观点，也认为最原初的无意识幻想（或叙事）同时是防御机制。这就赋予了原始机制两方面的性质：一方面，从客观角度看，它是一个心理器官中的过程；另一方面，从主观体验视角看，它是一种表达性的叙事。克莱茵更为强调后者，这也将她的学派引向了和弗洛伊德思想不同的方向，后者基于精神能量的经济学模型。但这里也必须承认，弗洛伊德描述了无意识幻想中最早出现的那个——俄狄浦斯故事（见第八章）。

修通（working through）：弗洛伊德认为治疗效果来自修通

过程。诠释只是提供一个洞察，指示出需要修通什么。之后，修通过程就是将诠释中提供的移情关系（或其他关系）的图景和现实图景做对比的过程。两者间的差异逐步被放弃。当然，理想情况是放弃不符合现实的部分。克莱茵对修通的态度中也隐含了这部分观点。不过，他们对修通还有不同的理解。

其中一个不同理解来自克莱茵后继者提出的涵容过程。在涵容中，婴儿将体验投射给婴儿的母亲（或病人投射给分析师或其他某个可信任的人），然后获得一个被修正的体验。因此，修通就不仅意味着婴儿获得了母亲对婴儿哭喊的再构建，即给婴儿喂奶，而且更重要的是，婴儿潜在地获得了理解饥饿感受并对其赋予意义的功能。换言之，从涵容的视角看，如果自我或自体能够内摄母亲赋予意义的功能，那么它也为自身习得了这个功能。这种形式的修通是一种直接建设自我的过程，因此也是人成熟的过程（见第十九章）。

中英对照表

术语

A

alpha element 阿尔法元素

alpha-function 阿尔法功能

ambivalence 两价性情感，矛盾情感

anal phase 肛欲期

apperceive 统感

apperception 统觉

atonement 救赎

B

bad breast 坏乳房

bad object 坏客体

beta element 贝塔元素

beta-screen 贝塔屏障

body ego 身体自我

C

cathexis 贯注

combined parent figure 联合父母形象

concern 担忧

concrete thinking 具象思维

container-contained 容器–容纳物

containment/containing 涵容

constitutional envy 先天性嫉羡

countertransference 反移情

creativity 创造力

D

daemonic power "恶魔般的力量"

death instinct 死本能

defensive personality organisation 防御性人格组织

delusion 妄想

depressive anxiety 抑郁性焦虑

depressive position 抑郁位置；抑郁心位

dream thoughts 梦的思维

E

early repression mechanisms 早期压抑机制

economic model 经济学模型

ego 自我

ego boundary 自我边界

ego-destructive super-ego 摧毁自我的超我

ego-nuclei 自我核心

enactment 活现

envy 嫉羡

evacuation 排空

external object 外部客体

externalisation 外化

F

free association 自由联想

G

genital phase 性器期

good breast 好乳房

good object 好客体

gratitude 感恩

guilt 内疚（感）

I

idealisation 理想化

identification 认同

identity 身份；身份感；身份同一性

illusion 错觉

incorporation 纳入

infantile sexuality 婴幼儿性欲

instinct 本能

internal anxiety 内部焦虑

internal object 内部客体

internal racism 内部种族主义

internalise 内化（动词）

internalisation 内化（名词）

introjection 内摄

introjective identification 内摄性认同

intuition 直觉

intuit 直觉性获得

J

jealousy 嫉妒

L

libido 力比多

life instinct 生本能

link 联结

M

mental object 心智客体

merger 融合（状态）

microprocess 微观过程

N

negative ego 消极自我

negative narcissism 负性自恋

negative therapeutic reaction 负性治疗反应

O

object 客体

object-choice 客体选择

object-relations 客体关系

Oedipus complex 俄狄浦斯情结

omnipotence 全能感

omnipotence of fantasy 幻想的全能性

oral phase 口欲期

oral pre-ambivalent stage 前两价性情感口欲期

oral sadistic stage 口欲施虐期

other 他者；他人

P

paranoid position 偏执位置

paranoid-schizoid position 偏执–分裂位置；偏执–分裂心位

parental couple 父母伴侣

part object 部分客体

perception 感知

persecutory anxiety 迫害性焦虑

pleasure principle 快乐原则

positive ego 积极自我

pre-genital phase 前俄狄浦斯期（前俄期）

primal scene 原初情境

projection 投射

projective identification 投射性认同

psyche 精神

psychic energy 精神能量

psychic equilibrium 精神平衡

psychic reality 精神现实

psychic retreat 精神撤退

R

reality principle 现实原则

regression 退行

resilience 抗逆力；韧性

reparation 修复

repression 压抑

resistance 阻抗

reverie 遐思

S

schizoid 精神分裂样

schizoid mechanisms 精神分裂样机制

schizoid processes 精神分裂样过程

self 自体

self-annihilation 自体湮灭

signal anxiety 信号焦虑

splitting 分裂

splitting of the ego 自我分裂

state of mind 心智状态

sublimation 升华

superego 超我

symbol 象征

symbolization 象征化

symbol-formation 象征形成

T

theory of thinking 思考理论

transference 移情

U

unconscious phantasy 无意识幻想

W

whole object 完整客体

whole-object love 完整客体之爱

work(ing) through 修通

人名

A

Woody Allen 伍迪·艾伦

Karl Abraham 卡尔·亚伯拉罕

Alfred Adler 阿尔弗雷德·阿德勒

Franz Alexander 弗朗兹·亚历山大

B

David Bell 大卫·贝尔

Wilfred Bion 威尔弗雷德·比昂

Eugene Bleuler 尤金·布洛伊尔

Ron Britton 罗恩·布里顿

Ernst von Brücke 恩斯特·冯·布鲁克

C

Geoffrey Chaucer 杰弗雷·乔叟

Marco Chiesa 马可·奇萨

D

Fakhry Davids 法赫里·戴维斯

E

Michael Josef Eisler 迈克尔·约瑟夫·艾斯勒

F

Ronald Fairbairn 罗纳德·费尔贝恩

Gustav Fechner 古斯塔夫·费希纳

Mike Feldman 麦克·菲尔德曼

Sandor Ferenczi 桑多尔·费伦齐

Anna Freud 安娜·弗洛伊德

Sigmund Freud 西格蒙德·弗洛伊德

G

Edward Glover 爱德华·克劳福

James Glover 詹姆斯·克劳福

Herbert Graf 赫伯特·格拉夫

Max Graf 马科斯·格拉夫

Ralph R. Greenson 拉尔夫·R. 格林森

H

R. D. Hinshelwood R. D. 欣谢尔伍德（本书作者之一）

Paula Heimann 宝拉·海蔓

Karen Horney 凯伦·霍妮

I

Susan Isaacs 苏珊·艾萨克

J

Elliott Jaques 艾略特·贾克斯

Walter G. Joffe 沃尔特·G. 乔费尔

Ernest Jones 厄内斯特·琼斯

Betty Joseph 贝蒂·约瑟夫

Carl Jung 卡尔·荣格

K

Otto Kernberg 奥托·科恩伯格

Arthur Klein 阿瑟·克莱茵

Melanie Klein 梅兰妮·克莱茵

M

Donald Meltzer 唐纳德·梅尔泽

Isabel Menzies 伊莎贝尔·孟席斯

Roger Money-Kyrle 罗杰·曼尼凯尔

N

Isaac Newton 艾萨克·牛顿

O

Edna O'Shaughnessy 艾德纳·欧肖内西

P

Irma Brenman Pick 艾尔玛·布雷曼·皮克

R

Sándor Rádo 桑多尔·雷多

Otto Rank 奥托·兰克

Emmanuel Reizes 伊玛努埃尔·瑞兹

Melanie Reizes 梅兰妮·瑞兹

Joan Riviere 琼安·里维拉

Herbert Rosenfeld 赫伯特·罗森菲尔德

Charles Rycroft 查尔斯·莱克拉夫

S

Hans Sachs 汉斯·萨克斯

Melitta Schmideberg 梅丽塔·施密德伯格

Daniel Schreber 丹尼尔·施雷伯（法官）

Hannah Segal 汉娜·西格尔

Ignês Sodré 伊涅斯·索德雷

Sabina Spielrein 萨宾娜·斯皮尔林

Elizabeth Spillius 伊丽莎白·斯皮利斯

John Steiner 约翰·斯坦纳

Alix Strachey 艾丽克斯·斯特拉齐

James Strachey 詹姆斯·斯特拉齐

W

Margot Waddell 马戈特·沃德尔

Donald Winnicott 唐纳德·温尼科特

刊物、文章

A

A Contribution to the Genesis of Manic-Depressive States 《躁狂–抑郁状态病源考》

A Dictionary of Kleinian Thought 《克莱茵思想辞典》

Analysis Terminable and Interminable 《可结束的分析与不可

结束的分析》

Annie Hall 《安妮·霍尔》

E

Empedocles: European Journal for the Philosophy of Communication 《恩培多克勒：欧洲沟通哲学杂志》

Envy and Gratitude 《嫉羡与感恩》

F

Fetishism 《性癖好》

Formulations on the Two Principles of Mental Functioning 《论心理机能的两条原则》

G

Group Psychology and the Analysis of the Ego 《团体心理学和自我分析》

M

Mourning and Its Relation to Manic-Depressive States 《哀悼及其与躁狂–抑郁状态的关系》

Mourning and Melancholia 《哀悼与抑郁》

O

On Dreams 《论梦》

T

The Interpretation of Dreams 《梦的解析》

The New Dictionary of Kleinian Thought 《克莱茵思想新词典》

The Parson's Tale 《牧师的故事》

Three Essays on Sexuality 《性学三论》

其他

B

British Psychoanalytical Society 英国精神分析协会

Burgholzli Hospital 布尔格霍尔兹利医院

C

Controversial Discussions 争议性辩论

H

Hanna Segal Institute for Psychoanalytic Studies 汉娜·西格尔精神分析研究院

Hungarian Psychoanalytical Society 匈牙利精神分析协会

I

Institute of Psychoanalysis 精神分析学院

N

National Health Service (NHS)（英国）国家健康服务中心

Newham Adolescent Mental Health Team 纽汉姆青少年精神健康小组

P

Portman Clinic 波特曼诊所

参考文献

Abraham, K. (1919) A particular form of resistance against the psychoanalytic method. In Abraham, K. (1927) *Selected Papers on Psychoanalysis*. London: Hogarth.

Abraham, K. (1924) Short study of the development of the libido. In Abraham, K. (1927) *Selected Papers on Psychoanalysis*. London: Hogarth.

Aguayo, J. (2016) Filling in Freud and Klein's maps of psychotic states of mind: Wilfred Bion's reading of Freud's "Formulations regarding two principles in mental functioning". In Legorreta, G. & Brown, L. J. (eds.) (2016) *On Freud's "Formulations on the Two Principles of Mental Functioning"*. London: Karnac, pp. 19–35.

Allen, W. (1977) *Annie Hall*. Rollins-Joffe Productions.

Bell, D. (1997) Introductory Essay. In *Reason and Passion: A Celebration of the Work of Hanna Segal*. London: Duckworth.

Bell, D. (ed.) (1999) *Psychoanalysis and Culture: A Kleinian Perspective*. London: Karnac.

Bell, D. (2001) Projective identification. In Bronstein, C. (ed.) (2001) *Kleinian Theory: A Contemporary Perspective*. London: Whurr, pp. 125–147.

Bell, D. (2009) Is truth an illusion? Psychoanalysis and postmodernism. *International Journal of Psychoanalysis* 90: 331–345.

Bick, E. (1964) Notes on infant observation in psycho-analytic training. *International Journal of Psychoanalysis* 45: 558–566.

Bick, E. (1968) The experience of the skin in early object relations. *International Journal of Psychoanalysis* 49: 484–486.

Bick, E. (1986) Further considerations of the function of the skin in early object relations: Findings from infant observation integrated into child and adult analysis. *British Journal of Psychotherapy* 2: 292–299.

Bion, W. R. (1952) Group dynamics: A review. *International Journal of Psychoanalysis* 33: 235–247. Reprinted in Klein, M., Heimann, P. & Money-Kyrle, R. E. (eds.) (1955) *New Directions in Psycho-Analysis*. London: Tavistock, pp. 440–477.

Bion, W. R. (1957) Differentiation of the psychotic from non-psychotic personalities. *International Journal of Psychoanalysis*

38 (3/4). Reprinted in Bion, W. R. (1967) *Second Thoughts*. New York: Jason Aronson, pp. 43–64.

Bion, W. R. (1958) On arrogance. *International Journal of Psychoanalysis* 39: 144–146. Reprinted in Bion, W. R. (1967) *Second Thoughts*. New York: Jason Aronson, pp. 86–92.

Bion, W. R. (1959) Attacks on linking. *International Journal of Psychoanalysis* 40: 308–315. Reprinted in Bion, W. R. (1967) *Second Thoughts*. New York: Jason Aronson, pp. 93–109.

Bion, W. R. (1961) *Experiences in Groups and Other Papers*. London: Tavistock.

Bion, W. R. (1962) *Learning from Experience*. London: Karnac.

Bion, W. R. (1970) *Attention and Interpretation*. London: Tavistock.

Brenman Pick, I. (1985) Working through in the countertransference. *International Journal of Psychoanalysis* 66: 157–166. Republished in Spillius, E. B. (ed.) (1988) *Melanie Klein Today: Volume 2, Mainly Practice*. London: Tavistock, pp. 34–47.

Brenman Pick, I. (2015) Countertransference: Further thoughts on working through in the countertransference. (Unpublished.)

Bronstein, C. (ed.) (2001) *Kleinian Theory: A Contemporary*

Perspective. London: Whurr.

Buford, B. (1991) *Among the Thugs*. London: Secker and Warburg.
Chiesa, M. (2001) Envy and gratitude. In Bronstein, C. (ed.)
(2001) *Kleinian Theory: A Contemporary Perspective*. London:
Whurr, pp. 108–124.

Davids, M. F. (2006) Internal racism, anxiety and the world outside:
Islamophobia post 9/11. *Organisational and Social Dynamics* 6:
63–85.

Davids, M. F. (2011) *Internal Racism: A Psychoanalytic Approach to
Race and Difference*. London: Palgrave.

Eisler, M. J. (1922) Pleasure in sleep and disturbed capacity for sleep—
A contribution to the study of the oral phase of the development
of the libido. *International Journal of Psychoanalysis* 3: 30–42.

Feldman, M. (1992) Splitting and projective identification. In
Anderson, R. (ed.) (1992) *Clinical Lectures on Klein and Bion*.
London: Routledge.

Frank, C. (2009) *Melanie Klein in Berlin*. London: Routledge.

Freud, A. (1926; English translation, 1948) *Four Lectures on Child
Analysis*. London: Hogarth.

Freud, S. (1900) *The Interpretation of Dreams. Part I. The Standard Edition of the Complete Psychological Works of Sigmund Freud, Volume IV & V*. London: Hogarth.

Freud, S. (1901) *On Dreams. The Standard Edition of the Complete Psychological Works of Sigmund Freud, Volume VI*. London: Hogarth, pp. 633–686.

Freud, S. (1905) *Three Essays on the Theory of Sexuality. The Standard Edition of the Complete Psychological Works of Sigmund Freud, Volume VII*. London: Hogarth, pp. 125–245.

Freud, S. (1909a) *Analysis of a Phobia in a Five-Year-Old Boy. The Standard Edition of the Complete Psychological Works of Sigmund Freud, Volume X*. London: Hogarth, pp. 3–149.

Freud, S. (1909b) Notes upon a case of obsessional neurosis. *The Standard Edition of the Complete Psychological Works of Sigmund Freud, Volume X*. London: Hogarth, pp. 151–318.

Freud, S. (1911a) *Psycho-Analytic Notes on an Autobiographical Account of a Case of Paranoia (Dementia Paranoides). The Standard Edition of the Complete Psychological Works of Sigmund Freud, Volume XII*. London: Hogarth, pp. 3–82.

Freud, S. (1911b) Formulations on the two principles of mental functioning. *The Standard Edition of the Complete Psychological Works of Sigmund Freud, Volume XII*. London: Hogarth, pp. 213–226.

Freud, S. (1914) On narcissism. *The Standard Edition of the Complete Psychological Works of Sigmund Freud, Volume XIV*. London: Hogarth, pp. 66–102.

Freud, S. (1917a) *Mourning and Melancholia. The Standard Edition of the Complete Psychological Works of Sigmund Freud, Volume XIV*. London: Hogarth, pp. 239–258.

Freud, S. (1917b) Lecture 28, Analytic therapy. *Introductory Lectures on Psycho-Analysis. 1916–1917. The Standard Edition of the Complete Psychological Works of Sigmund Freud, Volume XVI*. London: Hogarth, pp. 448–463.

Freud, S. (1918) *From the History of an Infantile Neurosis. The Standard Edition of the Complete Psychological Works of Sigmund Freud, Volume XVII*. London: Hogarth, pp. 3–122.

Freud, S. (1921) *Group Psychology and the Analysis of the Ego. The Standard Edition of the Complete Psychological Works of Sigmund Freud, Volume XVIII*. London: Hogarth, pp. 67–143.

Freud, S. (1923b) *The Ego and the Id. The Standard Edition of the*

Complete Psychological Works of Sigmund Freud, Volume XIX.
London: Hogarth, pp. 12–66.

Freud, S. (1925) Negation. *The Standard Edition of the Complete Psychological Works of Sigmund Freud, Volume XIX.* London: Hogarth, pp. 233–240.

Freud, S. (1927) Fetishism. *The Standard Edition of the Complete Psychological Works of Sigmund Freud, Volume XXI.* London: Hogarth, pp. 147–148.

Freud, S. (1930) *Civilization and Its Discontents. The Standard Edition of the Complete Psychological Works of Sigmund Freud, Volume XXI.* London: Hogarth.

Freud, S. (1937) *Analysis Terminable and Interminable. The Standard Edition of the Complete Psychological Works of Sigmund Freud, Volume XXIII.* London: Hogarth, pp. 209–254.

Freud, S. (1940) Splitting of the ego in the process of defence. *The Standard Edition of the Complete Psychological Works of Sigmund Freud, Volume XXIII.* London: Hogarth, pp. 275–278.

Greenson, R. R. (1974) Transference: Freud or Klein. *International Journal of Psychoanalysis* 55: 37–48.

Grosskurth, P. (1986) *Melanie Klein: Her World and Her Work.*

London: Hodder and Stoughton.

Grotstein, J. (2007) Lies, lies and falsehoods. In *A Beam of Intense Darkness: Wilfred Bion's Legacy to Psychoanalysis*. London: Karnac, pp. 147–150.

Hargreaves, E. & Varchevker, A. (2004) *In Pursuit of Psychic Change*. London: Routledge.

Heimann, P. (1950) On countertransference. *International Journal of Psychoanalysis* 31: 81–84. Republished in Paula Heimann (1989) *About Children and Children-No-Longer*. London: Routledge, pp. 73–79.

Hinshelwood, R. D. (1991) *A Dictionary of Kleinian Thought*. London: Free Association Books.

Hinshelwood, R. D. (1994) *Clinical Klein*. London: Free Association Books.

Hinshelwood, R. D. (2004) *Suffering Insanity*. London: Routledge.

Hinshelwood, R. D. (2006) Melanie Klein and repression: Social and clinical influences apparent from an examination of some unpublished notes of 1934. *Psychoanalysis and History* 8: 5–42.

Hinshelwood, R. D. (2008) Repression and splitting: Towards a method of conceptual comparison. *International Journal of Psychoanalysis* 89: 503–521.

Hinshelwood, R. D. (2017) *Countertransference and Alive Moments: Help or Hindrance*. London: Routledge.

Hinshelwood, R. D. & Skogstad, W. (2001) *Observing Organisations*. London: Routledge.

Isaacs, S. (1948) The nature and function of phantasy. *International Journal of Psychoanalysis* 29: 73–97. Original version in 1943 published in King, P. & Steiner, R. (eds.) (1991) The Freud–Klein Controversies 1941–45. London: Routledge, pp. 264–321.

Jaques, E. (1955) Social systems as a defence against persecutory and depressive anxiety. In Klein, M., Heimann, P. & Money-Kyrle, R. E. (eds.) (1955) *New Directions in Psycho-Analysis*. London: Tavistock, pp. 478–498.

Joffe, W. G. (1969) A critical review of the status of the envy concept. *International Journal of Psychoanalysis* 50: 533–545.

Jones, E., Klein, M., Riviere, J., Searl, M. N., Sharpe, E. F. & Glover, E. (1927) Symposium on child-analysis. *International Journal of Psychoanalysis* 8: 339–391.

Joseph, B. (1971) A clinical contribution to the analysis of a perversion. *International Journal of Psychoanalysis* 52: 441–449.

Joseph, B. (2001) Transference. In Bronstein, C. (ed.) (2001) *Kleinian Theory: A Contemporary Perspective*. London: Whurr.

Kernberg, O. F. (1969) A contribution to the ego-psychological critique of the Kleinian school. *International Journal of Psychoanalysis* 50: 317–333.

Kernberg, O. F. (1980) *Internal World and External Reality*. New York: Jason Aronson.

King, P. & Steiner, R. (1991) *The Freud–Klein Controversies 1941–1945*. London: Routledge.

Klein, M. (1921) The development of a child. *The Writings of Melanie Klein, Volume 1: Love, Guilt and Reparation*. London: Hogarth, pp. 1–53.

Klein, M. (1923) The role of the school in the libidinal development of the child. *The Writings of Melanie Klein, Volume 1: Love, Guilt and Reparation*. London: Hogarth, pp. 59–76.

Klein, M. (1930) The importance of symbol-formation in the development of the ego. *The Writings of Melanie Klein, Volume 1: Love, Guilt and Reparation*. London: Hogarth, pp. 219–232.

Klein, M. (1932) *The Psycho-Analysis of Children*. London: Hogarth. Republished (1975) in *The Writings of Melanie Klein, Volume 2*. London: Hogarth.

Klein, M. (1935) A contribution to the genesis of manic-depressive states. *International Journal of Psychoanalysis* 16: 145–174. Republished (1975) in *The Writings of Melanie Klein, Volume 1*. London: Hogarth, pp. 262–289.

Klein, M. (1945) The Oedipus complex in the light of early anxieties. *The Writings of Melanie Klein, Volume 1: Love, Guilt and Reparation*. London: Hogarth, pp. 370–419.

Klein, M. (1940) Mourning and its relation to manic-depressive states. *International Journal of Psychoanalysis* 21: 125–153. Republished (1975) *The Writings of Melanie Klein, Volume 1*. London: Hogarth, pp. 344–369.

Klein, M. (1946) Notes on some schizoid mechanisms. *International Journal of Psychoanalysis* 27: 99–110. Republished (1952) in Heimann, P., Isaacs, S., Klein, M. & Riviere, J. (eds.) *Developments in Psycho-Analysis*. London: Hogarth, pp. 292–320.

Klein, M. (1952) On observing the behaviour of young infants.

In Heimann, P., Isaacs, S., Klein, M. & Riviere, J. (eds.) *Developments in Psycho-Analysis*. London: Hogarth. In *The Writings of Melanie Klein, Volume 3*. London: Hogarth, pp. 94–121.

Klein, M. (1955) The psychoanalytic play technique: Its history and significance. In *The Writings of Melanie Klein, Volume 3*. London: Hogarth, pp. 122–140.

Klein, M. (1957) *Envy and Gratitude*. London: Hogarth. Republished (1975) in *The Writings of Melanie Klein, Volume 3*. London: Hogarth, pp. 176–235.

Laplanche, J. & Pontalis, J.-B. (1973) *The Language of Psychoanalysis*. London: Hogarth.

Likierman, M. (2011) *Melanie Klein: Her Work in Context*. London: Continuum.

Meltzer, D. (1968) Terror, persecution, dread—a dissection of paranoid anxieties. *International Journal of Psychoanalysis* 49: 396–400.

Meltzer, D. (1973) *Sexual States of Mind*. Perth: Clunie Press.

Meltzer, D. (1981) The Kleinian Expansion of Freud's Metapsychology. *International Journal of Psychoanalysis* 62: 177–185.

Menzies Lyth, I. (1959) The functioning of social systems as a defence against anxiety: A report on a study of the nursing service of a general hospital. Human Relations 13: 95–121. Republished (1988) in Menzies Lyth, I. *Containing Anxiety in Institutions*. London: Free Association Books; and in Trist, E. & Murray, H. (eds.) (1990) *The Social Engagement of Social Science*. London: Free Association Books.

Miller, J. (ed.) (1983) Kleinian Analysis: Dialogue with Hanna Segal. In *States of Mind. Conversations with Psychological Investigators*. London: BBC.

Money-Kyrle, R. E. (1968) Cognitive development. International Journal of Psychoanalysis 49: 691–698. Republished (1978) in *The Collected Papers of Roger Money-Kyrle*. Perthshire: Clunie Press, pp. 416–433.

Mottola, G. (2011) *Paul*. Universal Pictures.

Nisenholz, B. & Nisenholz, L. (2006) *Sigmund Says: And Other Psychotherapists' Quotes*. Lincoln, NE: iUniverse.

Obholzer, A. & Roberts, V. Z. (eds.) (1994) *The Unconscious at Work: Individual and Organizational Stress in the Human Services*. London: Routledge.

O'Shaughnessy, E. (1990) Can a liar be psychoanalysed. *International Journal of Psychoanalysis* 71: 187–195.

Pick, D. & Ffytche, M. (eds.) (2016) *Psychoanalysis in the Age of Totalitarianism*. London: Routledge.

Quinodoz, J.-M. (2008) *Listening to Hanna Segal: Her Contribution to Psychoanalysis*. London: Routledge.

Riesenberg-Malcolm, R. (1999) *On Bearing Unbearable States of Mind*. London: Routledge.

Riviere, J. (1936) On the genesis of psychical conflict in earliest infancy. *International Journal of Psychoanalysis* 17: 395–422.

Rosenfeld, H. (1971) A clinical approach to the psychoanalytic theory of the life and death instincts: An investigation into the aggressive aspects of narcissism. *International Journal of Psychoanalysis* 52: 169–178. Republished in Spillius, E. B. (ed.) (1988) *Melanie Klein Today, Volume 1*. London: Routledge.

Rosenfeld, H. (1987) *Impasse and Interpretation*. London: Routledge.

Roth, P. (2001) The paranoid-schizoid position. In Bronstein, C. (ed.) (2001) *Kleinian Theory: A Contemporary Perspective*. London: Whurr.

Rustin, M. & Rustin, M. (2016) *Reading Melanie Klein*. London: Routledge.

Rycroft, C. (1972) *A Critical Dictionary of Psychoanalysis*. London: Penguin.

Sandler, J. (1987) *The Concept of Projective Identification*. Bulletin of the Anna Freud Centre, 10: 33–49.

Segal, H. (1950) Some aspects of the analysis of a schizophrenic. *International Journal of Psychoanalysis* 31: 268–278. Republished (1981) in *The Work of Hanna Segal*. London: Free Association Books. And republished in Spillius, E. B. (ed.) (1988) *Melanie Klein Today, Volume 1*. London: Routledge.

Segal, H. (1952) A psycho-analytical approach to aesthetics. *International Journal of Psychoanalysis* 33(2): 196–207.

Segal, H. (1957) Notes on symbol formation. *International Journal of Psychoanalysis* 38: 391–397. Republished (1981) in *The Works of Hanna Segal*. London: Free Association Books. And republished in Spillius, E. B. (ed.) (1988) *Melanie Klein Today, Volume 1*. London: Routledge.

Segal, H. (1973) *Introduction to the Work of Melanie Klein*. London: Hogarth.

Segal, H. (1975) A psycho-analytic approach to the treatment of psychoses. In Lader, M. H. (ed.) *Studies in Schizophrenia*. Ashford: Headley. Reprinted (1981) in *The Work of Hanna Segal*. New York: Jason Aronson.

Segal, H. (1977) *The Work of Hanna Segal: A Kleinian Approach to Clinical Practice*. London: Jason Aronson.

Segal, H. (1979) *Klein*. London: Fontana/Collins.

Segal, H. (1997) *Psychoanalysis, Literature and War: Papers 1972–1995*. London: Routledge.

Segal, H. (2007) Yesterday, today and tomorrow. In Segal, H. *Yesterday, Today and Tomorrow*. London: Routledge, pp. 46–60.

Sodré, I. (2004) Who's who? Notes on pathological identifications. Originally written for a conference in 1995. In Spillius, E. B. & O'Shaughnessy, E. (eds.) *Projective Identification: The Fate of a Concept*. London: Routledge. Reprinted in Sodré, I. & Roth, P. (eds.) (2015) *Imaginary Existences: A Psychoanalytic Exploration of Phantasy, Fiction, Dreams and Daydreams*. London: Routledge.

Sodré, I. (2004) Discussion of M. Feldman's chapter. In Hargreaves, E. & Varchevker, A. (eds.) In *Pursuit of Psychic Change*. London:

Routledge, pp. 36–37.

Spillius, E. B., Milton, J., Garvey, P., Couve, C. & Steiner, D. (2011) *The New Dictionary of Kleinian Thought*. London: Routledge.

Steiner, J. (1987) The interplay between pathological organisations and the paranoid-schizoid and depressive positions. *International Journal of Psychoanalysis* 68: 69–80.

Steiner, J. (1993) *Psychic Retreats: Pathological Organisations in Psychotic, Neurotic and Borderline Patients*. London: Routledge.

Steiner, J. (2017) *Lectures on Technique by Melanie Klein: Edited with Critical Review by John Steiner*. London: Routledge.

Strachey, J. & Strachey, A. (1986) *Bloomsbury Freud*. London: Chatto and Windus.

Trist, E. & Murray, H. (1990) A new social psychiatry: A World War II legacy. In Trist, E. & Murray, H. (eds.) *The Social Engagement of Social Science: A Tavistock Anthology. Volume 1: The Socio-Psychological Perspective*. London: Free Association Books, pp. 40–43.

Varchevker, A. & McGinley, E. (2013) *Enduring Migration through the Life Cycle*. London: Karnac.

Waddell, M. (2002) Chapter 1: States of Mind. In *Inside Lives, Psychoanalysis and the Growth of the Personality*. London: Karnac, pp. 5–14.

Weintrobe, S. (ed.) (2012) *Engaging with Climate Change: Psychoanalytic and Interdisciplinary Perspectives*. London: Routledge.